KB199650

#홈스쿨링
#혼자공부하기

우등생
과학

Chunjae
Makes
Chunjae

▼

우등생 과학 4-1

기획총괄	박상남
편집개발	박나현, 박주영, 서춘원
디자인총괄	김희정
표지디자인	윤순미, 여화경
내지디자인	박희춘
본문 사진 제공	게티이미지코리아, 야외생물연구회, 연합뉴스, 셔터스톡
제작	황성진, 조규영

발행일	2025년 1월 15일 초판 2025년 1월 15일 1쇄
발행인	(주)천재교육
주소	서울시 금천구 가산로9길 54
신고번호	제2001-000018호
고객센터	1577-0902

우등생 과학으로 살펴보는 7종 교과서 가이드

	1. 자석의 이용		2. 물의 상태 변화
우등생 과학 4-1	· 자석에 붙는 물체 · 자석과 철 · 자석의 극	**교과서 진도북** 10~17쪽 온라인 학습북 4~5쪽	· 물의 세 가지 상태 · 물의 상태 변화
	· 자석의 극이 가리키는 방향 · 자석과 자석	**교과서 진도북** 18~25쪽 온라인 학습북 6~7쪽	· 물이 얼 때와 얼음이 녹을 때의 변화 · 증발과 끓음
	· 나침반과 자석 · 자석의 이용	**교과서 진도북** 26~33쪽 온라인 학습북 8~9쪽	· 응결 · 물을 얻는 장치
천재교과서 (2종)	1. 자석의 이용		2. 물의 상태 변화
동아출판	1. 자석의 이용		2. 물의 상태 변화
미래엔	1. 자석의 이용		2. 물의 상태 변화
비상교과서	1. 자석의 이용		2. 물의 상태 변화
아이스크림 미디어	1. 자석의 이용		2. 물의 상태 변화
지학사	1. 자석의 이용		2. 물의 상태 변화

교과서가 달라 어떻게 공부해야 할지 모르겠지?
우등생은 검정 교과서의 공통 개념은 물론
교과서별 다른 자료도 볼 수 있어.

	3. 땅의 변화	4. 다양한 생물과 우리 생활
	3. 땅의 변화	4. 다양한 생물과 우리 생활
	3. 땅의 변화	4. 다양한 생물과 우리 생활
	3. 땅의 변화	4. 다양한 생물과 우리 생활
	3. 땅의 변화	4. 다양한 생물과 우리 생활
	3. 땅의 변화	4. 다양한 생물과 우리 생활
	3. 땅의 변화	4. 다양한 생물과 우리 생활

홈스쿨링 꼼꼼 스케줄표 [24회]

우등생 과학 4·1

꼼꼼 스케줄표는 교과서 진도북과 온라인 학습북을
24회로 나누어 꼼꼼하게 공부하는 학습 진도표입니다.

홈스쿨링 24회
꼼꼼 스케줄표

● 교과서 진도북   ● 온라인 학습북

1. 자석의 이용

1회	교과서 진도북 10~17쪽	**2**회	교과서 진도북 18~25쪽	**3**회	교과서 진도북 26~33쪽
	월 일		월 일		월 일

1. 자석의 이용

4회	온라인 학습북 4~9쪽	**5**회	교과서 진도북 34~39쪽	**6**회	온라인 학습북 10~13쪽
	월 일		월 일		월 일

2. 물의 상태 변화

7회	교과서 진도북 44~51쪽	**8**회	교과서 진도북 52~59쪽	**9**회	교과서 진도북 60~67쪽
	월 일		월 일		월 일

2. 물의 상태 변화

10회	온라인 학습북 14~19쪽	**11**회	교과서 진도북 68~73쪽	**12**회	온라인 학습북 20~23쪽
	월 일		월 일		월 일

● 교과서 진도북   ● 온라인 학습북

3. 땅의 변화

13회	교과서 진도북 78~85쪽	**14**회	교과서 진도북 86~93쪽	**15**회	교과서 진도북 94~101쪽
	월 일		월 일		월 일

3. 땅의 변화

16회	온라인 학습북 24~29쪽	**17**회	교과서 진도북 102~107쪽	**18**회	온라인 학습북 30~33쪽
	월 일		월 일		월 일

4. 다양한 생물과 우리 생활

19회	교과서 진도북 112~119쪽	**20**회	교과서 진도북 120~127쪽	**21**회	교과서 진도북 128~135쪽
	월 일		월 일		월 일

4. 다양한 생물과 우리 생활 / 전체 범위

22회	온라인 학습북 34~43쪽	**23**회	교과서 진도북 136~141쪽	**24**회	온라인 학습북 44~47쪽
	월 일		월 일		월 일

우등생 과학 사용법

진도 완료 Check!

QR로 학습 스케줄을 편하게 관리!

공부하고 나서 날개가 있는 QR 코드를 스캔하면
온라인 스케줄표에 학습 완료 자동 체크!

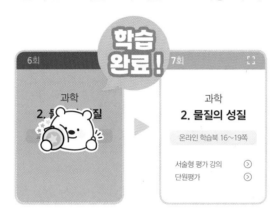

6회

과학
2. 물질의 성질

학습 완료!

7회

과학
2. 물질의 성질

온라인 학습북 16~19쪽

서술형 평가 강의 ⊙
단원평가 ⊙

※ 스케줄표에 따라 해당 페이지 날개에 [진도 완료 체크] QR 코드가 있어요!

✦ 동영상 강의

개념 / 서술형 · 논술형 평가 /
단원평가

✦ 온라인 채점과 성적 피드백

정답을 입력하면 채점과
성적 분석이 자동으로

✦ 온라인 학습 스케줄 관리

나에게 맞는 내 스케줄표로
꼼꼼히 체크하기

구성과 특징

교과서 진도북

1 검정 교과서 완벽 반영

쉽고 재미있게 개념을 딱! 다잡고,

개념을 쓱! 익히기

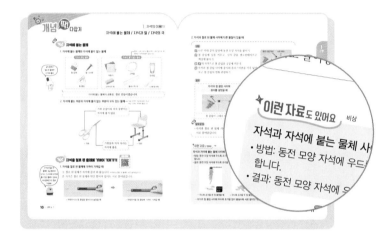

2 실력 평가 실력 확! 올리기를 통해 단원 실력 쌓기

서술형·논술형 / 수행평가

3 단원 평가

단원 평가로 단원 마무리하기

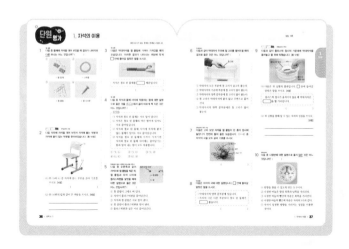

온라인 학습북

1 온라인 개념 강의

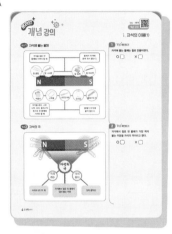

2 실력 평가

3 단원 평가 온라인 피드백

4 온라인 서술형 · 논술형 강의

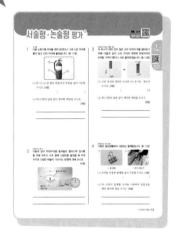

✓ 채점과 성적 분석이 한번에!

| 문제 풀고 QR 코드 스캔

2 온라인으로 정답 입력

3 제출하기 클릭

차례

1 자석의 이용

자석

철을 끌어당기는 성질을 가진 물체

▷ 철로 된 물체는 자석에 끌려 와 붙습니다.

N극

자석에서 북쪽을 가리키는 부분

▷ 북쪽을 나타내는 'North'의 앞 글자를 따서 N극이라고 씁니다.

S극

자석에서 남쪽을 가리키는 부분

▷ 남쪽을 나타내는 'South'의 앞 글자를 따서 S극이라고 씁니다.

나침반

자석의 성질을 이용하여 방향을 찾을 수 있게 만든 도구

▷ 나침반 바늘의 빨간색 부분은 자석의 N극과 같습니다.

3 땅의 변화

화산

마그마가 땅속의 틈을 뚫고 나와 쌓여 만들어진 지형

▷ 백두산은 화산이고, 설악산은 화산이 아닌 산입니다.

분화구

화산 정상에 깔때기 모양으로 움푹 파인 부분

▷ 대부분 화산 꼭대기에 분화구가 있습니다.

화성암

마그마가 식어 굳어져 만들어진 암석

▷ 현무암과 화강암은 대표적인 화성암입니다.

산사태

산에서 흙이나 암석이 갑자기 무너져 내리는 현상

▷ 지진이 발생하면 산에서는 산사태가 일어날 수 있습니다.

② 물의 상태 변화

고체

일정한 모양과 부피를 가진 물질의 상태

▷ 고드름, 눈은 고체인 얼음 입니다.

액체

모양은 변하지만 부피는 변하지 않는 물질의 상태

▷ 빗물, 수돗물은 액체인 물입니다.

기체

모양과 부피가 일정하지 않고 공기처럼 담는 용기를 가득 채우는 물질의 상태

▷ 빨래에 있던 물은 기체인 수증기입니다.

수도 계량기

사용한 물의 양을 측정할 때 사용하는 기구

▷ 추운 겨울철 수도관을 지나는 물이 얼어서 수도 계량기가 깨지기도 합니다.

④ 다양한 생물과 우리 생활

생물

동물, 식물과 같이 생명을 가지고 살아가는 모든 것

▷ 우리 주변에는 동물이나 식물 이외에도 다양한 생물이 살고 있습니다.

균사

버섯이나 곰팡이의 몸체를 이루는 실 모양의 구조

▷ 버섯, 곰팡이와 같이 균사로 이루어진 생물은 균류입니다.

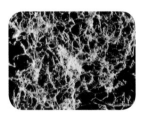

적조

붉은색을 띠는 원생생물이 많아져 바다 등의 색깔이 붉은색으로 변하는 현상

▷ 원생생물은 적조 현상을 일으키기도 합니다.

장염

소장이나 대장에 염증이 생긴 상태

▷ 세균은 우리에게 장염을 일으키기도 합니다.

1

자석의
이용

개념① 자석에 붙는 물체

1. 자석에 붙는 물체와 자석에 붙지 않는 물체

→ 종이, 고무, 유리, 플라스틱, 나무 등으로 된 물체는 자석에 붙지 않습니다.

금속 중에서 철로 된 물체만 자석에 붙어.

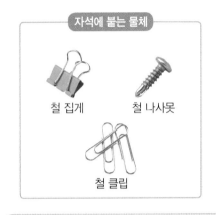

자석에 붙는 물체

철 집게 철 나사못

철 클립

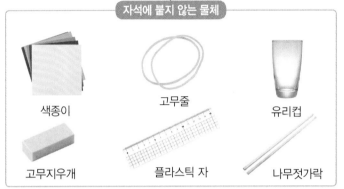

자석에 붙지 않는 물체

색종이 고무줄 유리컵

고무지우개 플라스틱 자 나무젓가락

> 자석에 붙는 물체의 공통점: 철로 만들어졌습니다.

2. 자석에 붙는 부분과 자석에 붙지 않는 부분이 모두 있는 물체 → 책상 상판은 자석에 붙지 않고, 책상 다리는 자석에 붙습니다.

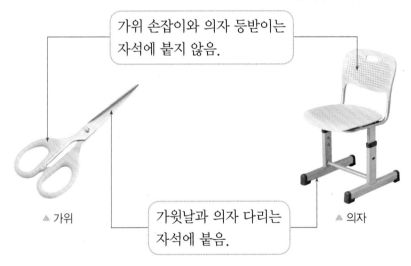

가위 손잡이와 의자 등받이는 자석에 붙지 않음.

가윗날과 의자 다리는 자석에 붙음.

▲ 가위   ▲ 의자

개념② 자석을 철로 된 물체에 가까이 가져가기

실험 동영상

1. 자석을 철로 된 물체에 가까이 가져갈 때

자석과 철로 된 물체는 조금 떨어져 있거나 그 사이에 자석에 붙지 않는 물체가 있어도 서로 끌어당기는 힘이 작용해.

① 철로 된 물체가 자석에 끌려 와 붙습니다. → 자석과 철로 된 물체는 서로 끌어당깁니다.

② 자석은 철로 된 물체와 약간 떨어져 있어도 서로 끌어당깁니다.

➡

▲ 막대자석과 철 클립을 떨어뜨려 놓았을 때   ▲ 막대자석을 철 클립에 가까이 가져갈 때

2. 자석과 철로 된 물체 사이에 다른 물질이 있을 때

과정

1 나무 막대 끝의 앞뒤에 동전 모양 자석을 붙이기

2 철 클립에 실을 끼우고, 실의 끝을 셀로판테이프로 책상에 붙이기

3 **1**의 자석으로 철 클립을 공중에 띄우기

4 자석과 철 클립 사이에 종이와 플라스틱판을 각각 넣어 보고 철 클립의 변화 관찰하기

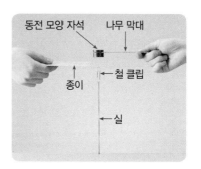

알루미늄 포일 조각이나 얇은 천 등을 넣어도 같은 결과가 나와.

결과

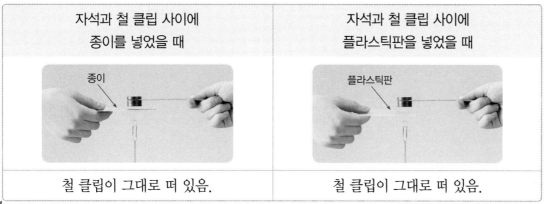

자석과 철 클립 사이에 종이를 넣었을 때	자석과 철 클립 사이에 플라스틱판을 넣었을 때
철 클립이 그대로 떠 있음.	철 클립이 그대로 떠 있음.

알게 된 점

• 자석과 철로 된 물체 사이에 자석에 <u>붙지 않는 물체</u>가 있어도 자석과 철로 된 물체는 서로 끌어당깁니다.
종이, 플라스틱판, 알루미늄 포일 조각, 얇은 천 등

자석과 공중에 뜬 철 클립 사이에 철판을 넣으면 철 클립이 바닥으로 떨어져.

★이런 자료도 있어요 비상

자석과 자석에 붙는 물체 사이에 작용하는 힘의 특징

• 방법: 동전 모양 자석에 우드록 조각을 한 장씩 더 붙이면서 자석을 철 클립에 가까이 하면 어떻게 되는지 관찰합니다.

• 결과: 동전 모양 자석에 우드록 조각을 한 장씩 더 붙일수록 철 클립이 적게 붙습니다.

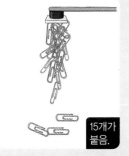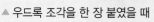
15개가 붙음.

7개가 붙음.

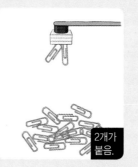
2개가 붙음.

▲ 우드록 조각을 한 장 붙였을 때

▲ 우드록 조각을 두 장 붙였을 때

▲ 우드록 조각을 세 장 붙였을 때

→ 자석과 철 클립 사이에 우드록 조각을 많이 붙일수록 서로 끌어당기는 힘이 약해집니다.

자석이 철로 된 물체를 끌어당기는 힘은 자석에 붙지 않는 물체들을 통과해서 작용해.

3. 컵에 손을 넣거나 물을 쏟지 않고 물에 담긴 컵 속의 옷핀을 꺼내는 방법: 컵 바깥쪽에 자석을 대고, 자석으로 옷핀을 끌어 올려 빼냅니다.
→ 자석과 옷핀 사이에 플라스틱이 있어도 서로 끌어당깁니다.

옷핀

개념③ 자석에서 철로 된 물체가 많이 붙는 부분

실험 동영상

1. 막대자석에서 철 클립이 많이 붙는 부분 찾기

① 막대자석의 양쪽 끝부분에 철 클립이 많이 붙습니다.

② 막대자석에서 철 클립을 세게 끌어당기는 부분은 막대자석의 양쪽 끝부분입니다.

2. 자석의 극

자석의 극은 항상 두 개야.

① 자석의 극: 자석에서 철로 된 물체를 당기는 힘이 가장 센 부분입니다.

② 자석의 극은 다른 부분보다 철로 된 물체를 끌어당기는 힘이 세기 때문에 철 클립이 많이 붙습니다.

③ 모양이 다른 자석도 철 클립을 붙여 보면 자석의 극을 찾을 수 있습니다.

3. 자석의 극의 위치 → 여러 가지 자석에 철로 된 물체가 붙은 모습을 보고 자석의 극을 찾을 수 있습니다.

막대자석의 극	고리 모양 자석의 극	동전 모양 자석의 극

양쪽 끝	양쪽 둥근 면	양쪽 둥근 면

이런 자료도 있어요 천재교과서, 동아, 미래엔, 비상, 지학사

여러 가지 모양 자석의 극의 위치

• 자석의 극은 항상 두 개입니다.

• 모든 자석에는 N극과 S극이 있습니다.

• N극은 주로 빨간색으로 표시하고, S극은 파란색으로 표시합니다.

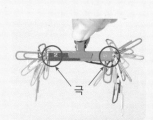
▲ 둥근기둥 모양 자석: 양쪽 끝

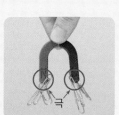
▲ 말굽 모양 자석: 양쪽 끝

1 ^{7종 공통}

다음 중 자석에 붙는 물체를 두 가지 고르시오. (,   )

①
▲ 철 클립

②
▲ 고무지우개

③
▲ 철 나사못

④
▲ 유리컵

2 ^{7종 공통}

오른쪽과 같이 막대자석을 철 클립에 가까이 가져갈 때의 결과로 옳은 것을 보기 에서 골라 기호를 쓰시오.

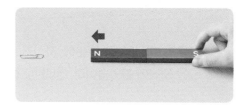

보기

㉠ 철 클립이 뒤쪽으로 밀려 납니다.
㉡ 철 클립이 막대자석에 끌려 와 붙습니다.
㉢ 철 클립이 막대자석에 끌려 오다가 밀려 납니다.

(   )

3 ^{7종 공통}

다음 ㉠과 ㉡ 중 막대자석에서 철 클립이 많이 붙는 부분을 바르게 표시한 것을 골라 기호를 쓰시오.

㉠    ㉡

(   )

4 ^{7종 공통}

다음 중 자석의 극에 대한 설명으로 옳은 것은 어느 것입니까? (   )

① 자석마다 극의 개수는 다르다.
② 동전 모양 자석의 극은 한 군데만 있다.
③ 자석에서 철 클립이 적게 붙는 부분이다.
④ 자석에서 고무로 된 물체가 많이 붙는 부분이다.
⑤ 자석에서 철로 된 물체를 끌어당기는 힘이 가장 센 부분이다.

1 7종 공통

다음 중 자석에 붙는 물체와 자석에 붙지 않는 물체를 바르게 짝 지은 것은 어느 것입니까? (   )

	자석에 붙는 물체	자석에 붙지 않는 물체
①	철 못	철 클립
②	지우개	색연필
③	유리구슬	소화기
④	철 집게	플라스틱 자
⑤	나무젓가락	철이 든 빵 끈

2 미래엔

오른쪽 책상의 각 부분에 자석을 대어 보았더니 ㉠은 자석에 붙지 않고 ㉡은 자석에 붙었습니다. ㉠과 ㉡ 중 철로 만들어진 부분의 기호를 쓰시오.

(   )

3 7종 공통

다음 중 자석에 붙는 물체에 대한 설명으로 옳지 <u>않은</u> 것은 어느 것입니까? (   )

① 색종이는 자석에 붙지 않는다.

② 자석에 붙는 물체는 크기가 작다.

③ 유리로 된 물체는 자석에 붙지 않는다.

④ 자석에 붙는 물체는 금속 중 철로 만들어졌다.

⑤ 가위처럼 자석에 붙는 부분과 붙지 않는 부분이 모두 있는 물체도 있다.

4 7종 공통

다음 중 오른쪽과 같이 막대자석을 철 클립에 조금씩 가까이 가져갈 때의 변화로 옳은 것은 어느 것입니까?

(   )

철 클립   막대자석

① 철 클립이 공중에 떠오른다.

② 철 클립은 움직이지 않는다.

③ 철 클립이 막대자석에서 밀려 난다.

④ 막대자석이 철 클립에서 밀려 난다.

⑤ 철 클립이 막대자석 쪽으로 끌려 와 붙는다.

7종 공통

5 앞의 **4**번과 같이 막대자석을 철 클립에 가까이 가져갈 때와 비슷한 현상이 나타나는 경우를 보기
에서 골라 기호를 쓰시오.

> 보기
>
> ㉠ 막대자석을 철 못에 가까이 가져갈 때
> ㉡ 막대자석을 색연필에 가까이 가져갈 때
> ㉢ 막대자석을 유리구슬에 가까이 가져갈 때

(   )

천재교과서, 동아, 미래엔, 아이스크림, 지학사

6 다음 중 오른쪽과 같이 자석으로 철 클립을 띄운 뒤 철 클립과
자석 사이에 종이를 넣었을 때에 대한 설명으로 옳은 것은 어느 것
입니까? (   )

① 종이가 자석을 끌어당긴다.
② 철 클립이 아래로 떨어진다.
③ 자석과 철 클립은 서로 밀어 낸다.
④ 철 클립이 공중에 뜬 상태 그대로 있다.
⑤ 자석과 철 클립 사이에 종이가 있으면 서로 끌어당기지 못한다.

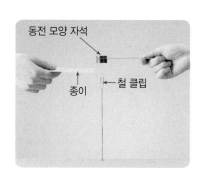

동전 모양 자석
종이
철 클립

천재교과서, 동아, 미래엔, 아이스크림, 지학사

7 다음은 자석과 철 클립 사이에 얇은 플라스틱판을 넣었을 때의 결과입니다. ㉠, ㉡에 들어갈 알맞은
말을 각각 쓰시오.

> 자석과 철 클립 사이에 얇은 플라스틱판과 같이 ㉠ 에 붙지 않는 물체가 있어도 자석과
> 철 클립은 서로 ㉡ .

㉠ (   ) ㉡ (   )

7종 공통

8 다음 중 오른쪽 실험을 통해 알 수 있는 내용이 <u>아닌</u> 것은 어느 것
입니까? (   )

① 자석의 무게
② 자석의 극의 개수
③ 자석의 극의 위치
④ 자석에서 철 클립이 많이 붙는 부분
⑤ 자석에서 철로 된 물체를 끌어당기는 힘이 센 부분

▲ 막대자석을 철 클립이 든 플라스틱
접시에 놓았다가 들어 올린 모습

9 7종 공통
다음 중 막대자석과 둥근기둥 모양 자석에 철 클립이 붙은 모습에 대한 설명으로 옳지 <u>않은</u> 것은 어느 것입니까? (   )

▲ 막대자석   ▲ 둥근기둥 모양 자석

① 자석의 양쪽 끝부분에 자석의 극이 있다.
② 자석의 양쪽 끝부분에 철로 된 물체가 많이 붙는다.
③ 철 클립이 붙은 모습을 보고 자석의 극을 찾을 수 있다.
④ 자석의 양쪽 끝부분은 철로 된 물체를 세게 끌어당긴다.
⑤ 막대자석과 둥근기둥 모양 자석의 극의 위치는 서로 다르다.

10 7종 공통
다음 중 자석의 극에 대한 설명으로 옳은 것을 보기 에서 골라 기호를 쓰시오.

보기
㉠ 극의 수는 자석의 종류에 따라 다릅니다.
㉡ 자석에서 철로 된 물체가 가장 많이 붙는 부분입니다.
㉢ 자석에서 철로 된 물체를 끌어당기는 힘이 가장 약한 부분입니다.

(   )

서술형·논술형 문제   7종 공통
11 다음 막대자석의 ㉠~㉢ 부분에 각각 철 클립을 길게 이어 붙이려고 합니다.

(1) 위 ㉠~㉢ 중 철 클립을 길게 이어 붙일 수 있는 부분을 모두 골라 기호를 쓰시오.

(   )

(2) 위 (1)번의 답과 같이 쓴 까닭을 쓰시오.

_____

_____

1. 자석의 이용(1)

학습 주제 자석과 철로 된 물체 사이에 작용하는 힘의 특징 알아보기

학습 목표 자석과 철로 된 물체 사이에 작용하는 힘의 특징을 설명할 수 있다.

1
단원

천재교과서

1 오른쪽은 막대자석을 철 구슬 줄에 가까이 하는 모습입니다.

철 구슬 줄

N

막대자석

진도 완료
Check!

(1) 다음은 막대자석을 철 구슬 줄에 가까이 했을 때의 결과입니다. ☐ 안에 알맞은 말을 각각 쓰시오.

> 철 구슬 줄이 ❶ [   ] 쪽으로 끌려 와 공중에 뜬 상태로 ❷ [   ] 니다.

(2) 위 막대자석을 철 구슬 줄에서 조금 떨어뜨린 뒤 그 사이에 색종이를 넣으면 철 구슬 줄이 어떻게 되는지 ☐ 안에 알맞은 말을 쓰시오.

> 철 구슬 줄은 [   ] .

천재교과서, 동아, 미래엔, 아이스크림, 지학사

2 다음은 자석으로 철 클립을 띄운 뒤 자석과 철 클립 사이에 종이와 플라스틱판을 넣었을 때의 모습입니다. 자석과 철 클립 사이에 종이나 플라스틱판 대신 알루미늄 포일 조각을 넣으면 철 클립은 어떻게 될지 쓰고, 그렇게 생각한 까닭을 쓰시오.

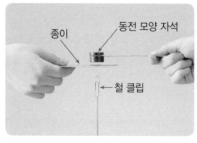

종이   동전 모양 자석

철 클립

▲ 종이를 넣었을 때

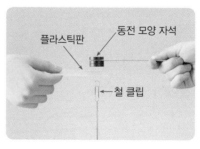

플라스틱판   동전 모양 자석

철 클립

▲ 플라스틱판을 넣었을 때

(1) 알루미늄 포일 조각을 넣을 때의 변화: ＿＿＿＿＿＿＿＿＿＿＿＿＿＿＿＿＿＿

(2) 그렇게 생각한 까닭: ＿＿＿＿＿＿＿＿＿＿＿＿＿＿＿＿＿＿＿＿＿＿＿＿＿＿

＿＿＿＿＿＿＿＿＿＿＿＿＿＿＿＿＿＿＿＿＿＿＿＿＿＿＿＿＿＿＿＿＿＿＿＿＿＿

개념 딱! 다잡기

자석의 극이 가리키는 방향 / 자석과 자석

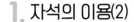

개념 ① 막대자석의 극이 가리키는 방향 관찰하기

막대자석을 공중에 매달고 움직임이 멈추었을 때도 결과는 같아.

1. 물에 띄운 자석이 가리키는 방향: 항상 북쪽과 남쪽을 가리킵니다.

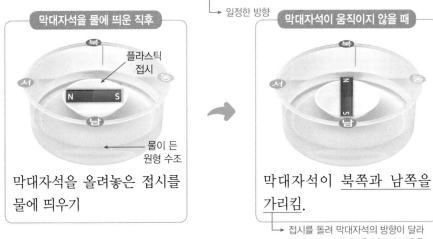

막대자석을 물에 띄운 직후 → 일정한 방향 / 막대자석이 움직이지 않을 때

막대자석을 올려놓은 접시를 물에 띄우기

막대자석이 북쪽과 남쪽을 가리킴.

→ 접시를 돌려 막대자석의 방향이 달라지게 해도 막대자석은 북쪽과 남쪽을 가리킵니다.

2. 수조 옆에 나침반을 놓았을 때 나침반 바늘이 가리키는 방향: 나침반 바늘과 물 위에 띄운 막대자석은 같은 방향을 가리킵니다.

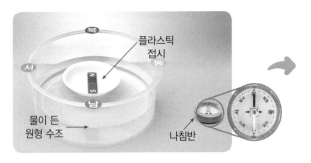

▲ 막대자석이 가리키는 방향   ▲ 나침반 바늘이 가리키는 방향

고리 모양 자석과 동전 모양 자석처럼 극을 색깔로 구분하지 않는 자석도 있어.

3. 자석의 *N극과 S극

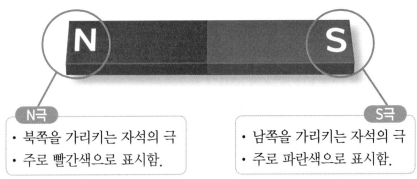

N극
· 북쪽을 가리키는 자석의 극
· 주로 빨간색으로 표시함.

S극
· 남쪽을 가리키는 자석의 극
· 주로 파란색으로 표시함.

용어 풀이

*N극과 S극: 북쪽을 뜻하는 'North'와 남쪽을 뜻하는 'South'의 앞 글자를 따온 것

4. 나침반

① 자석이 일정한 방향을 가리키는 성질을 이용해 방향을 찾을 수 있도록 만든 도구입니다.

② 나침반 바늘도 항상 북쪽과 남쪽을 가리킵니다. → 나침반 바늘의 빨간색 부분은 자석의 N극과 같고 항상 북쪽을 가리킵니다.

▲ 나침반

개념② 두 자석의 극을 가까이 해 보기

1. 막대자석 두 개를 서로 가까이 해 보기

① 막대자석 두 개의 극을 마주 보게 할 때: 두 자석을 같은 극끼리 가까이 하면 서로 밀어 내고, 다른 극끼리 가까이 하면 서로 끌어당깁니다.

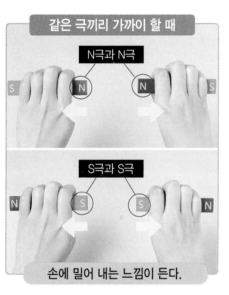

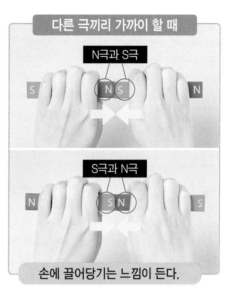

자석의 같은 극끼리 가까이 하면 자석끼리 붙지 않아.

② 막대자석 두 개를 나란히 놓았을 때: 두 자석을 같은 극이 마주 보게 하여 밀면 다른 자석이 밀려 나고, 다른 극이 마주 보게 하여 밀면 다른 자석이 끌려 와 붙습니다.

자석의 다른 극끼리 가까이 하면 자석끼리 붙어.

2. 막대자석 사이에 작용하는 힘

① 자석과 자석을 가까이 하면 서로 끌어당기거나 서로 밀어 냅니다.

② 두 자석의 같은 극끼리 가까이 하면 서로 밀어 내는 힘이 작용하고, 다른 극끼리 가까이 하면 서로 끌어당기는 힘이 작용합니다.

3. 자석의 극 추리하기

자석의 같은 극끼리 가까이 하면 서로 밀어 내고, 다른 극끼리 가까이 하면 서로 끌어당겨.

① 색종이를 감싼 막대자석의 한쪽 극에 막대자석의 S극을 가까이 할 때 서로 끌어당기면 그 극은 N극입니다.

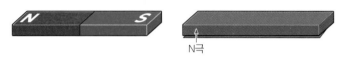

② 색종이를 감싼 막대자석의 한쪽 극에 막대자석의 S극을 가까이 할 때 서로 밀어 내면 그 극은 S극입니다.

✦이런 자료도 있어요 천재교과서, 동아, 미래엔, 비상

고리 자석의 극을 찾는 방법
• 막대자석을 이용하여 고리 자석의 극을 찾을 수 있습니다.
• 막대자석을 고리 자석에 가까이 하면 같은 극끼리는 서로 밀어 내는 힘이 작용하고, 다른 극끼리는 서로 끌어당기는 힘이 작용합니다.

4. 고리 자석으로 탑 쌓기

두 고리 자석이 서로 밀어 내면 같은 극이고, 서로 끌어 당기면 다른 극이야.

과정

1 두 고리 자석의 극을 서로 가까이 해 보면서 같은 극에 같은 색 붙임딱지 붙이기

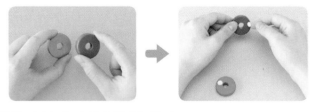

2 자석의 극을 생각하며 고리 자석으로 탑 쌓기

결과

• 고리 자석 다섯 개를 서로 같은 극끼리 마주 보게 쌓으면 가장 높은 탑을 쌓을 수 있습니다.
• 고리 자석 다섯 개를 서로 다른 극끼리 마주 보게 쌓으면 가장 낮은 탑을 쌓을 수 있습니다.

마주 보는 두 자석은 같은 극

마주 보는 두 자석은 다른 극

▲ 가장 높게 쌓는 방법   ▲ 가장 낮게 쌓는 방법

1 천재교과서, 지학사

다음 중 막대자석을 올려놓은 플라스틱 접시를 물 위에 띄웠을 때 막대자석이 가리키는 방향으로 옳은 것을 골라 기호를 쓰시오.

(   )

2 7종 공통

다음 중 자석의 극에 대한 설명으로 옳지 <u>않은</u> 것은 어느 것입니까? (   )

① 남쪽을 가리키는 자석의 극은 N극이다.

② 막대자석의 S극은 주로 파란색으로 표시한다.

③ 막대자석의 N극은 주로 빨간색으로 표시한다.

④ 두 자석을 같은 극끼리 가까이 하면 서로 밀어 낸다.

⑤ 두 자석을 다른 극끼리 가까이 하면 서로 끌어당긴다.

3 천재교과서, 동아, 비상

다음과 같이 막대자석 두 개를 나란히 놓고 한쪽 자석을 밀 때 다른 자석이 밀려 나는 것을 골라 기호를 쓰시오.

(   )

4 아이스크림, 지학사

다음과 같이 색종이를 감싼 막대자석에 막대자석의 S극을 가까이 했더니 서로 끌어당겼습니다. ㉠ 부분의 극은 무엇인지 쓰시오.

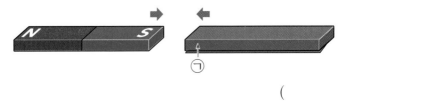

(   )극

천재교과서, 지학사

1 오른쪽과 같이 막대자석을 올려놓은 플라스틱 접시를 물 위에 띄웠을 때 막대자석의 S극이 가리키는 방향을 쓰시오.

( )쪽

천재교과서, 지학사

2 다음 중 물 위에 띄운 막대자석 옆에 놓은 나침반의 모습이 오른쪽과 같을 때 막대자석의 모습으로 옳은 것은 어느 것입니까? ( )

  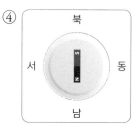

천재교과서, 지학사

3 다음 중 막대자석을 올려놓은 플라스틱 접시를 물에 띄우고 나침반을 옆에 두었을 때의 설명으로 옳은 것을 두 가지 고르시오. (,)

① 나침반 바늘은 동쪽과 서쪽을 가리킨다.
② 나침반 바늘은 일정한 방향을 가리키지 않는다.
③ 물에 띄운 막대자석은 북쪽과 남쪽을 가리킨다.
④ 물에 띄운 막대자석은 동쪽과 서쪽을 가리킨다.
⑤ 물에 띄운 막대자석과 나침반 바늘이 가리키는 방향은 서로 같다.

7종 공통

4 다음 중 자석에 대한 설명으로 옳지 <u>않은</u> 것을 보기 에서 골라 기호를 쓰시오.

보기
㉠ 남쪽을 가리키는 자석의 극을 S극이라고 합니다.
㉡ 북쪽을 가리키는 자석의 극을 N극이라고 합니다.
㉢ 막대자석의 N극은 주로 파란색으로 표시하고, S극은 주로 빨간색으로 표시합니다.

( )

5 천재교과서

다음 중 오른쪽 나침반에 대한 설명으로 옳지 <u>않은</u> 것은 어느 것입니까?
(   )

① 항상 북쪽과 남쪽을 가리킨다.
② 방향을 찾을 수 있도록 만든 도구이다.
③ 나침반 바늘의 빨간색 부분은 서쪽을 가리킨다.
④ 나침반 바늘의 빨간색 부분은 자석의 N극과 같다.
⑤ 자석이 일정한 방향을 가리키는 성질을 이용한 것이다.

6 7종 공통

다음 중 오른쪽과 같이 막대자석 두 개를 마주 보게 하여 가까이 할 때와 비슷한 결과가 나타나는 것을 두 가지 고르시오. (,   )

▲ N극과 N극을 가까이 할 때

① 두 자석의 다른 극을 가까이 할 때
② 두 자석의 같은 극을 가까이 할 때
③ 두 자석의 S극과 S극을 가까이 할 때
④ 두 자석의 N극과 S극을 가까이 할 때
⑤ 두 자석의 S극과 N극을 가까이 할 때

7 천재교과서, 동아, 비상

다음은 막대자석 두 개를 나란히 놓고 자석을 밀 때 작용하는 힘에 대한 설명입니다. □ 안에 들어갈 알맞은 말을 쓰시오.

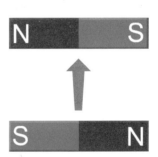

두 자석을 다른 극이 마주 보게 하여 밀면 서로 □□ 힘이 작용합니다.

(   )

8 천재교과서, 동아, 미래엔, 비상

오른쪽과 같이 막대자석을 고리 자석에 가까이 했더니 서로 끌어당겼습니다. 고리 자석 ㉠ 부분의 극을 쓰시오.

(   )극

9 _{천재교과서, 동아, 미래엔, 비상}
오른쪽은 고리 자석을 사용하여 탑을 쌓은 모습입니다. ㉠, ㉡에 들어갈
알맞은 말을 각각 쓰시오.

> 고리 자석이 공중에 떠 있을 수 있는 까닭은 고리 자석의 ⬚㉠⬚ 극끼리 마주 보고
> 있어서 서로 ⬚㉡⬚ 때문입니다.

㉠ (   ) ㉡ (   )

10 _{천재교과서, 동아, 미래엔, 비상}
다음 중 오른쪽 고리 자석 세 개를 이용하여 탑을 쌓은 모습에 대한 설명으로
옳지 <u>않은</u> 것은 어느 것입니까? (   )

① ㉠은 S극이다.
② ㉡은 N극이다.
③ 자석과 자석 사이에는 아무런 힘도 작용하지 않는다.
④ 자석의 다른 극끼리 마주 보게 쌓으면 낮은 탑을 쌓을 수 있다.
⑤ 자석의 같은 극끼리 마주 보게 쌓으면 높은 탑을 쌓을 수 있다.

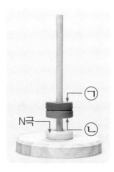

서술형·논술형 문제   _{천재교과서}

11 오른쪽과 같이 색종이를 감싼 막대자석을 빨대 위에 올려
놓은 막대자석의 N극에 가까이 해 보았습니다.

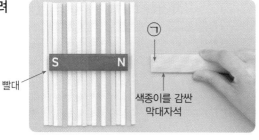

(1) 색종이를 감싼 막대자석에 빨대 위에 올려놓은 막대자석의 N극이 끌려 와 붙는다면 ㉠ 부분은
무슨 극인지 쓰시오. (   )극

(2) 위 (1)번의 답과 같이 쓴 까닭을 쓰시오.

_____

_____

학습 주제 두 자석의 극을 가까이 할 때 작용하는 힘 알아보기

학습 목표 두 자석의 극을 가까이 할 때 나타나는 변화를 관찰하여 극을 알지 못하는 자석의 극을 추리할 수 있다.

1 아이스크림, 지학사
다음과 같이 색종이를 감싼 막대자석에 다른 막대자석을 가까이 했더니 서로 밀어 내거나 끌어당기는 힘이 작용했습니다.

S　N → ㉠	서로 밀어 내는 힘이 작용함.
N　S → ㉡	서로 끌어당기는 힘이 작용함.

(1) 색종이를 감싼 막대자석 ㉠ 부분과 ㉡ 부분의 극을 각각 쓰시오.

㉠ (　　　　　)극　㉡ (　　　　　)극

(2) 다음은 위 (1)번의 답과 같이 생각한 까닭입니다. □ 안에 알맞은 말을 각각 쓰시오.

두 자석의 ❶□ 극끼리 가까이 하면 서로 밀어내는 힘이 작용하고, ❷□ 극끼리 가까이하면 서로 끌어당기는 힘이 작용하기 때문입니다.

2 천재교과서, 동아, 미래엔, 비상
오른쪽은 고리 자석을 사용하여 고리 자석 탑을 쌓은 모습입니다.

（㉠, N극）

(1) 위 빨간색 고리 자석 윗면의 극이 N극일 때 ㉠에 알맞은 자석의 극을 쓰시오.

(　　　　　)극

(2) 위의 고리 자석 탑을 만드는 데 이용된 자석 사이에 작용하는 힘을 쓰시오.

_____

_____

나침반과 자석 / 자석의 이용

개념① 나침반과 자석을 가까이 했을 때 나타나는 현상 관찰하기

1. 막대자석을 나침반에 가까이 했다가 멀어지게 할 때: 나침반 바늘이 움직여 자석의 극을 가리키다가 원래 가리키던 방향으로 되돌아갑니다.

나침반 바늘의 빨간색 부분은 N극이야.

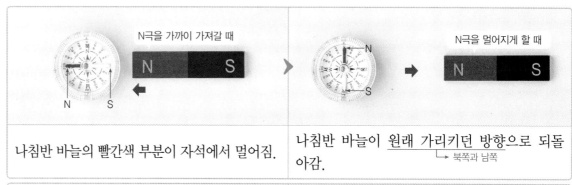

나침반 바늘의 빨간색 부분이 자석에서 멀어짐.	나침반 바늘이 원래 가리키던 방향으로 되돌아감. → 북쪽과 남쪽

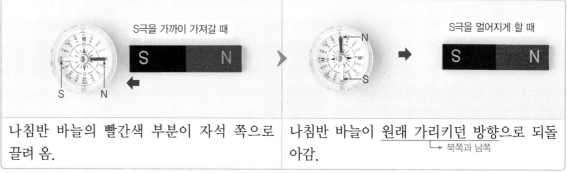

나침반 바늘의 빨간색 부분이 자석 쪽으로 끌려 옴.	나침반 바늘이 원래 가리키던 방향으로 되돌아감. → 북쪽과 남쪽

2. 나침반을 막대자석 주위에 놓았을 때: 나침반 바늘의 S극은 막대자석의 N극을 가리키고, 나침반 바늘의 N극은 막대자석의 S극을 가리킵니다.

나침반 바늘과 자석의 같은 극끼리는 서로 밀어 내고, 다른 극끼리는 서로 끌어당겨.

3. 자석 주위에서 나침반 바늘이 가리키는 방향이 달라지는 까닭
① 나침반 바늘이 자석이기 때문입니다.
② 자석과 나침반 바늘 사이에 서로 밀어 내거나 끌어당기는 힘이 작용하기 때문입니다.

개념② 자석의 이용

→ 자석의 성질을 이용해서 일상생활을 편리하게 해 주는 다양한 도구를 만들 수 있습니다.

1. 다양한 도구에 이용된 자석의 성질: 자석이 철로 된 물체를 끌어당기는 성질, 자석의 다른 극끼리 끌어당기고 같은 극끼리 밀어 내는 성질 등을 이용합니다.

자석을 이용한 물체는 주로 자주 붙였다 떼며 사용하는 생활용품에 많이 사용해.

2. 자석을 이용한 물체의 편리한 점

자석이 철로 된 물체를 끌어당기는 성질을 이용한 예			
 ▲ 자석 클립 통	 ▲ 자석 장난감	 ▲ 자석 스마트 기기 거치대	 ▲ 자석 비누 걸이
클립 통의 윗부분에 자석이 있어 클립 통이 뒤집어져도 클립이 흩어지지 않음.	자석이 철 부분에 붙어 장난감을 쉽게 조립하고 분해할 수 있음.	스마트 기기를 거치대에 붙였다가 쉽게 떼어 낼 수 있음.	비누를 공중에 매달아서 비누가 쉽게 물러지지 않게 함.

→ 벽에 달린 지지대 끝에 자석을 붙이고 비누의 한쪽 면에 철을 붙여 비누를 매달아 보관할 수 있습니다.

자석의 다른 극끼리 끌어당기고 같은 극끼리 밀어 내는 성질을 이용한 예			자석이 일정한 방향을 가리키는 성질을 이용한 예

→ 나침반이 있는 등산용 시계도 있습니다.

 ▲ 자석 팽이	 ▲ 자석 신발 끈	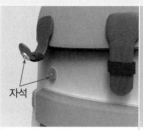 ▲ 가방 자석 단추	 ▲ 나침반
자석의 같은 극끼리 밀어 내는 성질을 이용하여 팽이가 떠 있음.	끈이 연결되는 부분에 자석이 있어 신발을 쉽게 신고 벗을 수 있음.	가방의 양쪽 단추에 자석이 있어서 가방을 쉽게 열고 닫을 수 있음.	나침반 바늘은 항상 북쪽과 남쪽을 가리킴.

자석 방충망은 띠 부분에 자석이 있고, 자석 필통은 필통을 열고 닫는 부분에 자석이 있어.

✦이런 자료도 있어요 동아, 미래엔, 비상, 아이스크림, 지학사

자석의 성질을 이용한 여러 가지 생활용품

이용한 자석의 성질	생활용품
자석이 철로 된 물체를 끌어당기는 성질	냉장고 문, 냉장고 자석, 자석 방충망, 자석 다트, 자석 필통, 자석 충전 케이블, 자석 글자 모형, 자석 병따개, 자석 드라이버 등
자석과 자석이 서로 밀어 내거나 끌어당기는 성질	자석 어항 청소 도구, 자석 창문 닦이 등

→ 다트 앞부분에 자석이 있습니다.

→ 드라이버 끝에 철로 된 물체를 고정할 수 있습니다.

❗ 자석을 이용하여 편리한 장치 설계하기

✦함께 계획하기

1. 생활용품에 이용할 수 있는 자석의 성질 이야기해 보기

자석이 철로 된 물체를 끌어당기는 성질	자석의 다른 극끼리 끌어당기고 같은 극끼리 밀어 내는 성질

2. 자석을 이용해서 일상생활을 편리하게 해 주는 생활용품을 다양하게 생각해 보기 예

자석이 붙는 책상	책상에 자석을 더해서 학용품이 떨어지지 않는 책상을 만들 수 있음.
자석 리모컨 거치대	자석을 이용한 스마트폰 거치대를 응용해서 리모컨을 붙여 놓는 거치대를 만들 수 있음.

✦함께 해 보기

1. 자석을 이용한 장치를 *설계하고, 설계도를 글과 그림으로 나타내 보기 예

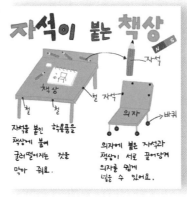

2. 설계한 장치 이야기해 보기
   ① 설계한 장치를 이야기할 때는 장치의 특징, 이용한 자석의 성질, 편리한 점 등을 중심으로 이야기합니다.

✦함께 나누기

1. 완성한 설계도를 누리 소통망에 올려 공유하고 의견 이야기해 보기
2. 다른 설계도에서 잘된 점을 찾고, 설계도 보완하기 예
   ① 잘된 점: 리모컨 거치대, 리모컨을 눈에 잘 보이는 곳에 보관할 수 있습니다. 필요할 때 떼어 내어 사용한 뒤 쉽게 붙여서 보관할 수 있습니다.

1 7종 공통
오른쪽과 같이 막대자석의 N극을 나침반에 가까이
할 때의 결과로 옳은 것을 보기 에서 골라 기호를
쓰시오.

보기
⊙ 나침반 바늘이 움직이지 않습니다.
⊙ 나침반 바늘이 멈추지 않고 계속 돕니다.
⊙ 나침반 바늘의 빨간색 부분이 자석에서 멀어집니다.

(   )

2 7종 공통
다음은 자석 주위에서 나침반 바늘이 가리키는 방향이 달라지는 까닭입니다. ☐ 안에 들어갈 알맞은
말을 쓰시오.

나침반 바늘이 ☐☐☐☐이므로 막대자석과 나침반 바늘 사이에 서로 밀어 내거나 끌어당기는
힘이 작용하기 때문입니다.

(   )

3 7종 공통
다음 중 자석을 이용한 물체가 아닌 것은 어느 것입니까? (   )

①
▲ 자석 클립 통

②
▲ 셀로판테이프

③
▲ 자석 장난감

④
▲ 자석 팽이

4 천재교과서
다음 중 오른쪽 자석 비누 걸이에 대한 설명으로 옳은 것을 두 가지
고르시오. (,   )

① ⊙ 부분에 자석이 붙어 있다.
② ⊙ 부분에 자석이 붙어 있다.
③ 자석의 같은 극끼리 끌어당기는 성질을 이용한다.
④ 자석의 다른 극끼리 끌어당기는 성질을 이용한다.
⑤ 자석이 철로 된 물체를 끌어당기는 성질을 이용한다.

1 7종 공통

다음 중 오른쪽과 같이 막대자석의 N극을 나침반에 가까이 가져갈 때 나침반 바늘이 가리키는 방향으로 옳은 것은 어느 것입니까? (   )

①  ② 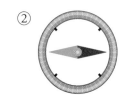 ③  ④

2 천재교과서, 동아, 미래엔, 비상, 지학사

다음과 같이 색종이를 감싼 막대자석 주위에 나침반을 놓았을 때에 대한 설명으로 옳은 것을 보기 에서 골라 기호를 쓰시오.

┌─ 보기 ─────────────────────────────────────┐
ㄱ (개) 부분은 S극입니다.
ㄴ (개)와 (내) 부분은 모두 N극입니다.
ㄷ (내) 부분은 나침반 바늘의 N극이 끌려 왔으므로 S극입니다.
└──┘

(   )

3 천재교과서, 동아, 미래엔, 비상, 지학사

다음 중 막대자석 주위에 놓인 나침반 바늘의 모습으로 옳은 것을 두 가지 고르시오.

(,   )

1
단원

4 7종 공통
다음은 막대자석 주위에서 나침반 바늘이 가리키는 방향이 달라지는 까닭입니다. ㉠과 ㉡에 들어갈 알맞은 말을 각각 쓰시오.

> 막대자석과 나침반 바늘의 ㉠ 극끼리는 서로 밀어 내는 힘이 작용하고, ㉡ 극끼리는 서로 끌어당기는 힘이 작용하기 때문입니다.

㉠ (   ) ㉡ (   )

5 7종 공통
다음 중 자석이 철로 된 물체를 끌어당기는 성질을 이용한 예로 옳은 것은 어느 것입니까?
(   )

①
▲ 자석 장난감

②
▲ 자석 창문 닦이

③
▲ 나침반

④
▲ 자석 팽이

6 천재교과서, 아이스크림
다음 중 오른쪽 자석 신발 끈에 대한 설명으로 옳은 것을 두 가지 고르시오. (,   )

① ㉠ 부분에 자석이 붙어 있다.
② ㉡ 부분에 자석이 붙어 있다.
③ 자석이 일정한 방향을 가리키는 성질을 이용한 것이다.
④ 자석이 철로 된 물체를 끌어당기는 성질을 이용한 것이다.
⑤ 자석의 같은 극끼리 밀어 내고 다른 극끼리 끌어당기는 성질을 이용한 것이다.

7 천재교과서, 동아, 비상, 아이스크림, 지학사
다음 중 자석이 있는 부분을 바르게 표시한 것을 골라 기호를 쓰시오.

㉠
▲ 자석 비누 걸이

㉡
▲ 자석 클립 통

㉢
▲ 자석 필통

(   )

8 다음 중 자석을 이용한 물체에 대한 설명으로 옳은 것은 어느 것입니까? (   )

▲ 나침반

▲ 자석 드라이버

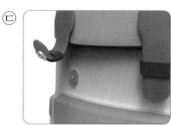

▲ 가방 자석 단추

① ㉠은 자석이 일정한 방향을 가리키는 성질을 이용하였다.

② ㉡은 자석이 다른 자석을 끌어당기는 성질을 이용하였다.

③ ㉢은 자석이 일정한 방향을 가리키는 성질을 이용하였다.

④ ㉠과 ㉡은 자석이 철로 된 물체를 끌어당기는 성질을 이용하였다.

⑤ ㉡과 ㉢은 자석이 다른 자석을 밀어 내거나 끌어당기는 성질을 이용하였다.

천재교과서, 비상, 지학사

9 다음 중 자석을 이용한 물체에 대한 설명으로 옳은 것을 보기 에서 골라 바르게 짝 지은 것은 어느 것입니까? (   )

┌─ 보기 ┐

㉠ 자석 장난감은 장난감을 쉽게 조립하고 분해할 수 있습니다.

㉡ 자석 병따개는 자석과 자석이 서로 밀어 내는 성질을 이용한 예입니다.

㉢ 자석 드라이버와 자석 어항 청소 도구는 자석의 같은 성질을 이용한 것입니다.

㉣ 자석 스마트 기기 거치대는 자석이 철로 된 물체를 끌어당기는 성질을 이용한 것입니다.

① ㉠, ㉡   ② ㉠, ㉣   ③ ㉡, ㉢

④ ㉡, ㉣   ⑤ ㉢, ㉣

서술형·논술형 문제   7종 공통

10 다음과 같이 막대자석의 N극을 나침반에 가까이 하였습니다.

(1) 나침반 바늘의 N극과 S극 중 막대자석의 N극을 가리키는 극을 쓰시오.

(   )극

(2) 위 막대자석을 나침반에서 멀어지게 할 때 나침반 바늘의 움직임을 쓰시오.

학습 주제 나침반과 자석을 가까이 했을 때 나타나는 현상 알아보기

학습 목표 나침반과 자석을 가까이 했을 때 나타나는 현상과 나침반 바늘이 가리키는 방향이
달라지는 까닭을 설명할 수 있다.

1 천재교과서, 동아, 미래엔, 비상, 지학사
다음은 나침반 바늘을 막대자석 주위에 놓았을 때 ㉠, ㉡에 알맞은 나침반 바늘의 모습에 대한 설명
입니다. ☐ 안에 알맞은 말을 각각 쓰시오.

㉠   ㉡

N   S

㉠의 나침반 바늘은 ❶ [　　　　　　　　　　　] 이/가 막대자석의 N극을 가리
키고, ㉡의 나침반 바늘은 ❷ [　　　　　　　　] 이/가 막대자석의 S극을 가리킵니다.

2 7종 공통
오른쪽과 같이 막대자석의 N극을 나침반에 가까이
가져갔다가 멀리 하면서 나침반 바늘의 움직임을
관찰하였습니다.

N
S

N

(1) 다음은 나침반 바늘의 움직임에 대한 설명입니다. ㉠, ㉡에 들어갈 알맞은 말을 각각 쓰시오.

막대자석의 N극을 나침반에 가까이 가져가면 나침반 바늘의 [㉠]극이 자석에 끌려
오고, 막대자석의 N극을 나침반에서 멀어지게 하면 나침반 바늘이 [㉡] 방향으로 되돌아
갑니다.

㉠ (　　　　　　　　) ㉡ (　　　　　　　　)

(2) 위 (1)번과 같이 자석 주위에서 나침반 바늘이 가리키는 방향이 달라지는 까닭을 쓰시오.

_____

_____

단원 마무리

자석에 붙는 물체와 붙지 않는 물체

자석에 붙는 물체

철 못 　　　 철 클립 　　　 철이 든 빵 끈

자석에 붙지 않는 물체

나무 자동차 　　 고무지우개 　　 플라스틱 자

자석에 붙는 물체는 ❶[　](으)로 만들어졌습니다.

자석을 철로 된 물체에 가까이 가져가기

자석을 철로 된 물체에 가까이 가져갈 때

철로 된 물체가 자석에 끌려 와 붙습니다.

자석과 철로 된 물체 사이에 작용하는 힘

종이　　　　　　　　　플라스틱판

 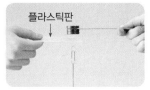

자석과 철로 된 물체 사이에 자석에 붙지 않는 물체가 있어도 서로 ❷[　　　　　　].

자석에서 철로 된 물체가 많이 붙는 부분

▲ 막대자석 　　　　 ▲ 둥근기둥 모양 자석 　　　　 ▲ 고리 모양 자석

자석에서 철로 된 물체를 당기는 힘이 가장 센 부분을 ❸[　　　　　　](이)라고 합니다.

두 자석의 극을 가까이 해 보기

같은 극끼리 가까이 할 때

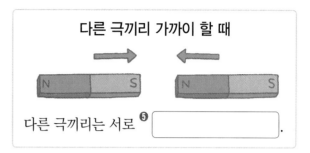

같은 극끼리는 서로 ❹ [　　　　].

다른 극끼리 가까이 할 때

다른 극끼리는 서로 ❺ [　　　　].

나침반과 자석을 가까이 해 보기

막대자석을 나침반에 가까이 할 때

자석의 N극은 나침반 바늘의 ❻ [　]극을 끌어당기고, 자석의 S극은 나침반 바늘의 ❼ [　]극을 끌어당깁니다.

나침반을 막대자석 주위에 놓았을 때

자석 주위에 놓인 나침반 바늘은 자석의 ❽ [　]을/를 가리킵니다.

자석의 이용

▲ 자석 스마트 기기 거치대

▲ 가방 자석 단추

▲ 자석 비누 걸이

▲ 자석 신발 끈

자석이 ❾ [　](으)로 된 물체를 끌어당기는 성질, 자석의 ❿ [　] 극끼리 끌어당기고 ⓫ [　] 극끼리 밀어 내는 성질 등을 이용하여 다양한 도구를 만들 수 있습니다.

 **1. 자석의 이용**

· 배점 표시가 없는 문제는 문제당 4점입니다.

7종 공통
1 다음 중 물체에 자석을 대어 보았을 때 결과가 나머지와 다른 하나는 어느 것입니까? (   )

①
▲ 철 집게

②
▲ 고무줄

③
▲ 철 클립

④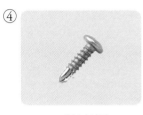
▲ 철 나사못

서술형·논술형 문제   천재교과서, 비상
2 다음 의자에 자석을 대어 보면서 자석에 붙는 부분과 자석에 붙지 않는 부분을 찾아보았습니다. [총 10점]

(1) 위 ㉠과 ㉡ 중 자석에 붙는 부분을 골라 기호를 쓰시오. [4점]

(   )

(2) 위 (1)번의 답과 같이 쓴 까닭을 쓰시오. [6점]

_____

_____

7종 공통
3 다음은 막대자석을 철 클립에 가까이 가져갔을 때의 모습입니다. 이러한 결과가 나타나는 까닭에 맞게 ☐ 안에 들어갈 알맞은 말을 쓰시오.

자석은 철로 된 물체를 [   ] 때문입니다.

(   )

7종 공통
4 다음 중 자석과 물체 사이에 작용하는 힘에 대한 설명으로 옳은 것을 보기 에서 골라 바르게 짝 지은 것은 어느 것입니까? (   )

보기
㉠ 자석과 철로 된 물체는 서로 밀어 냅니다.
㉡ 자석은 철로 된 물체와 약간 떨어져 있어도 서로 끌어당깁니다.
㉢ 자석과 철로 된 물체 사이에 자석에 붙지 않는 물체가 있어도 서로 끌어당깁니다.
㉣ 자석을 철로 된 물체에 가까이 가져가면 자석과 철로 된 물체 사이에는 끌어당기는 힘과 밀어 내는 힘이 모두 작용합니다.

① ㉠, ㉡   ② ㉠, ㉢   ③ ㉠, ㉣
④ ㉡, ㉢   ⑤ ㉢, ㉣

천재교과서, 동아, 미래엔, 아이스크림, 지학사
5 다음 중 오른쪽과 같이 자석으로 철 클립을 띄운 뒤, 철 클립과 자석 사이에 플라스틱판을 넣었을 때에 대한 설명으로 옳은 것은 어느 것입니까? (   )

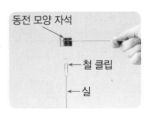
동전 모양 자석
철 클립
실

① 철 클립이 그대로 떠 있다.
② 자석이 플라스틱판을 끌어당긴다.
③ 자석과 철 클립은 서로 밀어 낸다.
④ 철 클립이 플라스틱판을 밀어 낸다.
⑤ 플라스틱판과 실은 서로 끌어당긴다.

점수

6 천재교과서

다음과 같이 막대자석 주위에 철 고리를 떨어뜨릴 때의 결과로 옳은 것은 어느 것입니까? (   )

철 고리

① 막대자석 모든 부분에 철 고리가 골고루 붙는다.
② 막대자석의 가운데 부분에 철 고리가 많이 붙는다.
③ 막대자석의 양쪽 끝부분에 철 고리가 많이 붙는다.
④ 철 고리가 막대자석에 붙지 않고 주변으로 흩어진다.
⑤ 막대자석의 한쪽 끝부분에만 철 고리가 많이 붙는다.

7 천재교과서, 동아, 비상

다음은 고리 모양 자석을 철 클립이 든 종이 접시에 놓았다가 천천히 들어 올린 모습입니다. ㉠~㉢ 중 자석의 극을 모두 골라 기호를 쓰시오.

㉠ 둥근 면
㉡ 옆면
㉢ 둥근 면

(   )

8 7종 공통

다음은 자석의 극에 대한 설명입니다. ☐ 안에 들어갈 알맞은 말을 쓰시오.

• 막대자석의 양쪽 끝부분에 있습니다.
• 자석의 극은 다른 부분보다 철로 된 물체가 ☐ 붙습니다.

(   )

9 서술형·논술형 문제 천재교과서, 지학사

다음과 같이 플라스틱 접시의 가운데에 막대자석을 올려놓고 물 위에 띄웠습니다. [총 12점]

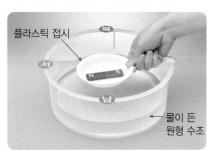

플라스틱 접시

물이 든 원형 수조

(1) 다음은 위 실험의 결과입니다. ☐ 안에 들어갈 알맞은 말을 쓰시오. [4점]

플라스틱 접시가 움직이지 않을 때 막대자석은 ☐을/를 가리킵니다.

(   )

(2) 위 실험을 통해 알 수 있는 자석의 성질을 쓰시오. [8점]

_____

_____

10 천재교과서

다음 중 나침반에 대한 설명으로 옳지 않은 것은 어느 것입니까? (   )

① 방향을 찾을 수 있도록 만든 도구이다.
② 나침반 바늘은 항상 북쪽과 남쪽을 가리킨다.
③ 나침반 바늘의 빨간색 부분은 북쪽을 가리킨다.
④ 나침반 바늘의 빨간색 부분은 자석의 S극과 같다.
⑤ 자석이 일정한 방향을 가리키는 성질을 이용한 것이다.

1 단원

11 다음 중 두 자석 사이에 밀어 내는 힘이 작용하는 것을 두 가지 고르시오. (　　,　　)

①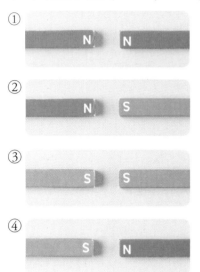

②

③

④

12 오른쪽은 고리 자석 세 개를 사용하여 탑을 쌓은 모습입니다. 노란색 자석의 아랫부분이 S극일 때 ㉠에 알맞은 자석의 극을 쓰시오.

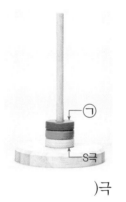

(　　　　　　　)극

13 다음과 같이 색종이를 감싼 막대자석에 자석의 S극을 가까이 했더니 서로 끌어당겼습니다. 실험 결과에 맞게 ㉠, ㉡에 들어갈 알맞은 말을 각각 쓰시오.

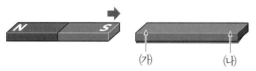

자석의 S극에 ㈎ 부분이 끌려 온 것으로 보아, 색종이를 감싼 막대자석의 ㈎ 부분은 ㉠ 극이고, ㈏ 부분은 ㉡ 극입니다.

㉠ (　　　　　　　)

㉡ (　　　　　　　)

14 다음 중 자석의 극 사이에 작용하는 힘에 대한 설명으로 옳지 않은 것을 보기 에서 골라 기호를 쓰시오.

보기

㉠ 자석의 같은 극끼리 가까이 하면 서로 밀어 내는 힘이 작용합니다.

㉡ 자석의 다른 극끼리 가까이 하면 서로 끌어 당기는 힘이 작용합니다.

㉢ 고리 자석과 막대자석 사이에는 밀어 내거나 끌어당기는 힘이 작용하지 않습니다.

(　　　　　　　)

15 다음과 같이 막대자석의 N극을 나침반에서 멀어지게 할 때 나침반 바늘의 움직임으로 옳은 것은 어느 것입니까? (　　　　)

①

②

③

④

16 천재교과서, 동아, 미래엔, 비상, 지학사
다음 중 막대자석 주위에 놓인 나침반 바늘의 모습으로 옳지 <u>않은</u> 것을 두 가지 골라 기호를 쓰시오.

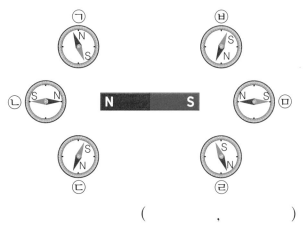

(,   )

17 7종 공통
위 16번과 같이 막대자석 주위에서 나침반 바늘이 가리키는 방향이 달라지는 까닭으로 옳은 것을 보기 에서 골라 기호를 쓰시오.

┌─ 보기 ─
│ ㉠ 나침반이 북쪽과 남쪽을 가리키기 때문입니다.
│ ㉡ 나침반 바늘이 철로 된 물체를 끌어당기기 때문입니다.
│ ㉢ 나침반 바늘과 막대자석 사이에 서로 밀어내거나 끌어당기는 힘이 작용하기 때문입니다.
└─

(   )

18 7종 공통
다음 중 자석을 이용한 물체가 <u>아닌</u> 것은 어느 것입니까? (   )

①
▲ 자석 장난감

②
▲ 철 못

③
▲ 자석 신발 끈

④
▲ 나침반이 있는 등산용 시계

19 천재교과서, 동아, 비상, 아이스크림, 지학사
다음 두 물체에 대한 설명 중 옳지 <u>않은</u> 것은 어느 것입니까? (   )

㉠
▲ 자석 클립 통

㉡
▲ 자석 비누 걸이

① ㉠, ㉡ 둘 다 자석을 이용한 물체이다.
② ㉠은 클립 통이 뒤집어져도 클립이 흩어지지 않게 한다.
③ ㉠은 자석의 다른 극끼리 끌어당기는 성질을 이용하였다.
④ ㉡은 자석이 철로 된 물체를 끌어당기는 성질을 이용하였다.
⑤ ㉡은 비누를 공중에 매달아서 비누가 쉽게 물러지지 않게 한다.

서술형·논술형 문제   천재교과서
20 다음은 자석의 성질을 이용한 물체입니다. [총 10점]

▲ 나침반

▲ 자석 스마트 기기 거치대

(1) 나침반에 이용된 자석의 성질을 쓰시오. [5점]

_____

(2) 자석 스마트 기기 거치대에 이용된 자석의 성질을 쓰시오. [5점]

_____

자석으로 놀이기구를 멈출 수 있다고?

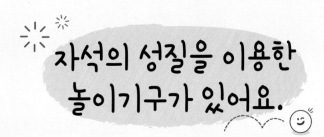

자석의 성질을 이용한 놀이기구가 있어요.

이 놀이기구는 빙글빙글 돌며 70 m 높이의 꼭대기까지 올라갔다가 잠시 멈춘 뒤 갑자기 매우 **빠른** 속도로 떨어집니다.

그런데 어떻게 땅에 부딪히지 않고 안전하게 멈추는 걸까요?

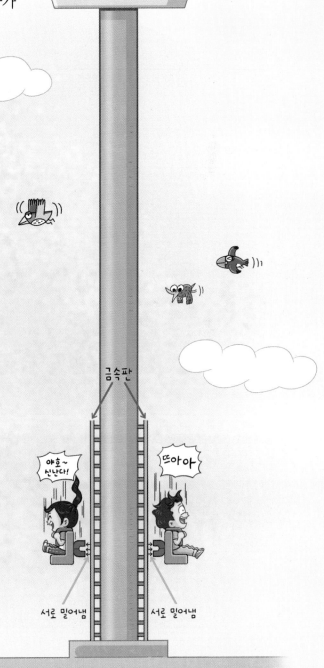

금속판

야호~ 신난다!

뜨아아

서로 밀어냄   서로 밀어냄

이 놀이기구에는 순간적으로 자석이 될 금속판이 기둥에 붙어 있고, 의자 뒤에도 강력한 자석이 붙어 있어요.

이 놀이기구가 높은 곳에서 빠르게 아래로 떨어지다가 금속판이 있는 부분에 도달하게 되면 금속판에 의자의 자석을 미는 힘이 생겨 브레이크 역할을 하게 되므로 갑자기 속도가 줄어들어요.

따라서 땅 가까이에 오면 속도가 줄어들면서 안전하게 멈추게 되는 것이랍니다.

2

물의
상태 변화

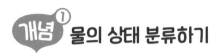 물의 상태 분류하기

1. 여러 가지 상태의 물 찾아보기

눈은 주변 온도가 낮을 때 얼음 알갱이가 하늘에서 녹지 않은 채 떨어지는 거야.

▲ 고드름

▲ 빗물

▲ 빨래에 있던 물

▲ 눈

▲ 생선 보관용 얼음

▲ 수돗물

▲ 조각상을 만든 얼음

▲ 수영장 물

▲ 손에 있던 물

2. 여러 가지 상태의 물 분류하기

① 분류 방법

액체인 물은 흐르기 때문에 손으로 잡을 수 없어.

| 여러 가지 상태의 물을 눈에 보이는 것과 눈에 보이지 않는 것으로 분류하기 | ⇒ | 눈에 보이는 것을 손으로 잡을 수 있는 것과 손으로 잡을 수 없는 것으로 분류하기 |

② 분류 결과

눈에 보이는가?

그렇다. ─── 그렇지 않다.

손으로 잡을 수 있는가?

빨래에 있던 물,
손에 있던 물

↳ 물이 마르면 눈에 보이지 않습니다.

그렇다. ─── 그렇지 않다.

고드름, 눈,
생선 보관용 얼음,
조각상을 만든 얼음

빗물, 수돗물,
수영장 물

용어 풀이

*고드름: 처마 끝에서 떨어지는 물이 흐르다가 길게 얼어붙은 얼음

3. 물의 세 가지 상태: 물은 고체인 얼음, 액체인 물, 기체인 *수증기의 세 가지 상태로 있습니다.

얼음(고체)	물(액체)	수증기(기체)
눈에 보이고 손으로 잡을 수 있음.	눈에 보이지만 손으로 잡을 수 없음. → 우리가 마시고 씻을 때 이용합니다.	공기 중에 있지만 눈에 보이지 않음.

얼음은 일정한 모양이 있어.

 물의 상태가 변하는 모습 찾아보기 실험 동영상

1. 얼음과 물의 상태 변화 관찰하기

① 얼음의 변화 관찰하기

탐구 방법과 결과	 손난로	
	페트리접시 위에 얼음을 놓고 관찰하기 ➡ 얼음은 눈에 보이고, 일정한 모양이 있음.	따뜻한 손난로 위에 얼음이 담긴 페트리접시를 올린 뒤, 변화 관찰하기 ➡ 얼음이 녹아 물이 되었음.
정리	고체인 얼음이 액체인 물로 상태가 변함.	

② 물의 변화 관찰하기

시간이 지남에 따라 물의 상태가 변해.

탐구 방법	스포이트로 페트리접시의 물 한 방울을 빈 페트리접시에 떨어뜨려 골고루 퍼지게 한 뒤, 따뜻한 손난로 위에 올리고, 시간의 흐름에 따른 변화 관찰하기	
탐구 결과	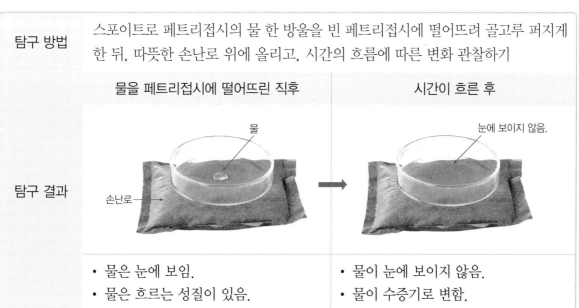 물을 페트리접시에 떨어뜨린 직후 / 물 / 손난로	시간이 흐른 후 / 눈에 보이지 않음.
	• 물은 눈에 보임. • 물은 흐르는 성질이 있음.	• 물이 눈에 보이지 않음. • 물이 수증기로 변함.
정리	액체인 물이 기체인 수증기로 상태가 변함.	

용어 풀이

*수증기: 기체 상태의 물로 우리 눈에 보이지 않는 것

2. 물의 상태 변화: 물이 한 가지 상태에서 또 다른 상태로 변하는 현상

3. 물의 상태가 변하는 경우 찾기 (예)

고체인 얼음은 액체인 물로 변하고, 액체인 물은 기체인 수증기로 변하기도 해.

구분	물의 상태가 변하는 경우
❶	주전자의 물이 끓어 수증기가 됩니다. (액체 → 기체)
❷	냉동실에 넣은 물이 얼어 얼음이 됩니다. (액체 → 고체)
❸	빙수가 녹아 물이 됩니다. (고체 → 액체)
❹	젖은 빨래의 물이 말라 수증기가 됩니다. (액체 → 기체)

4. 우리 주변에서 물의 상태가 변하는 예

우리 주변에서 물의 상태가 변하는 예는 다양해.

① 물이 담긴 페트병을 냉동실에 얼립니다. (액체 → 고체)
② 물걸레질을 한 바닥의 물이 말라 수증기가 됩니다. (액체 → 기체) → 물이 수증기로 상태가 변해 공기 중으로 날아갑니다.
③ 겨울에 꽁꽁 얼어 있던 호수가 녹습니다. (고체 → 액체)

✦이런 자료도 있어요 지학사

손바닥에 올려놓은 얼음과 손바닥에 떨어뜨린 물 관찰하기

• 손바닥에 올려놓은 얼음은 점점 녹아서 작아지고 물이 생기며, 결국 모두 물로 변합니다. ➡ 얼음이 물로 상태가 변합니다.
• 손바닥에 떨어뜨린 물은 점점 작아지다가 사라집니다. ➡ 물이 수증기로 상태가 변합니다.

▲ 손바닥에 올려놓은 얼음

2. 물의 상태 변화(1)

1 천재교과서

다음은 여러 가지 상태의 물을 나타낸 것입니다. ㉠~㉢ 중 눈에 보이지 않는 것을 골라 기호를 쓰시오.

㉠
▲ 고드름

㉡
▲ 수돗물

㉢
▲ 빨래에 있던 물

(   )

2 7종 공통

다음 중 물의 상태에 대한 설명으로 옳지 <u>않은</u> 것은 어느 것입니까? (   )

① 눈은 고체 상태이다.

② 빗물은 액체 상태이다.

③ 수영장 물은 액체 상태이다.

④ 생선 보관용 얼음은 액체 상태이다.

⑤ 우리가 마시고 씻을 때 이용하는 물은 액체 상태이다.

3 천재교과서, 동아, 미래엔, 비상, 지학사

다음은 따뜻한 손난로 위에 얼음이 담긴 페트리접시를 올린 뒤, 변화를 관찰한 결과입니다. ㉠, ㉡에 들어갈 알맞은 말을 각각 쓰시오.

얼음
손난로

> 고체인 얼음이 액체인 ㉠ (으)로 ㉡ 이/가 변합니다.

㉠ (   )   ㉡ (   )

4 7종 공통

다음 중 페트병에 물을 넣어 냉동실에 얼릴 때 물의 상태 변화로 옳은 것은 어느 것입니까?

(   )

① 물의 상태는 변하지 않는다.

② 고체에서 액체로 상태가 변한다.

③ 액체에서 고체로 상태가 변한다.

④ 액체에서 기체로 상태가 변한다.

⑤ 기체에서 액체로 상태가 변한다.

7종 공통

1 다음 중 물의 세 가지 상태와 상태 변화에 대한 설명으로 옳지 <u>않은</u> 것은 어느 것입니까? (   )

① 물은 액체 상태이다.

② 얼음은 고체 상태이다.

③ 수증기는 기체 상태이다.

④ 액체 상태의 물이 기체 상태의 수증기로 변하기도 한다.

⑤ 고체 상태의 얼음은 액체 상태인 물로 변한 뒤 기체 상태의 수증기로는 변할 수 없다.

천재교과서

2 다음 중 여러 가지 상태의 물에 대한 설명으로 옳은 것을 두 가지 고르시오. (,   )

▲ 수영장 물

▲ 눈

▲ 손에 있던 물

① ㉠과 ㉡은 눈에 보인다.

② ㉢은 눈에 보이지 않는다.

③ ㉠, ㉡, ㉢ 모두 눈에 보인다.

④ ㉠과 ㉡은 손으로 잡을 수 있다.

⑤ ㉠, ㉡, ㉢ 모두 손으로 잡을 수 없다.

천재교과서

3 위 **2**번의 ㉠~㉢ 중 기체인 것을 골라 기호를 쓰시오.

(   )

7종 공통

4 다음은 물의 세 가지 상태를 나타낸 것입니다. ㉠~㉢ 중 액체인 것을 골라 기호를 쓰시오.

㉠	㉡	㉢
눈에 보이고 손으로 잡을 수 있음.	눈에 보이지만 손으로 잡을 수 없음.	공기 중에 있지만, 눈에 보이지 않음.

(   )

7종 공통

5 다음 중 오른쪽 얼음물이 담긴 병에서 물의 세 가지 상태를 바르게 짝 지은 것은
어느 것입니까? (   )

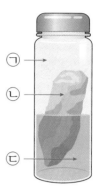

	㉠	㉡	㉢
①	고체	액체	기체
②	고체	기체	액체
③	액체	고체	기체
④	액체	기체	고체
⑤	기체	고체	액체

천재교과서, 동아, 미래엔, 비상, 지학사

6 오른쪽과 같이 얼음이 담긴 페트리접시를 따뜻한 손난로 위에
올린 뒤, 변화를 관찰하였습니다. 시간이 지난 뒤 페트리접시의
모습으로 알맞은 것을 골라 기호를 쓰시오.

얼음

손난로

㉠   얼음

㉡   물

(   )

천재교과서, 동아, 미래엔, 비상, 지학사

7 다음 중 위 **6**번 실험에서 나타나는 상태 변화로 옳은 것은 어느 것입니까? (   )

① 고체 → 액체   ② 기체 → 액체

③ 액체 → 고체   ④ 기체 → 고체

⑤ 기체 → 기체

7종 공통

8 다음 중 물의 상태 변화에 대한 설명으로 옳은 것은 어느 것입니까? (   )

① 물이 다른 물질로 변하는 현상이다.

② 물이 고체일 때만 나타나는 현상이다.

③ 물이 액체일 때만 나타나는 현상이다.

④ 물이 기체일 때만 나타나는 현상이다.

⑤ 물이 한 가지 상태에서 또 다른 상태로 변하는 현상이다.

9 7종 공통

다음 중 오른쪽과 같이 물 한 방울을 페트리접시에 떨어뜨리고 따뜻한 손난로 위에 올렸을 때 시간의 흐름에 따른 물의 상태 변화로 옳은 것을 두 가지 고르시오. (,   )

① 물의 상태는 변하지 않는다.

② 물이 고체에서 액체로 상태가 변한다.

③ 물이 액체에서 기체로 상태가 변한다.

④ 물이 수증기로 변해 눈에 보이지 않는다.

⑤ 물이 얼음으로 변해 손으로 잡을 수 있다.

10 7종 공통

다음 중 물의 상태가 고체에서 액체로 변하는 경우는 어느 것입니까? (   )

① 빙수가 녹아 물이 된다.

② 주전자의 물이 끓어 수증기가 된다.

③ 젖은 빨래의 물이 말라 수증기가 된다.

④ 물걸레질을 한 바닥의 물이 말라 수증기가 된다.

⑤ 얼음 틀에 물을 부어 냉동실에 넣으면 얼음이 된다.

서술형·논술형 문제 7종 공통

11 다음은 고드름이 녹는 모습입니다.

(1) 위 고드름, 수증기, 물 중 고체인 것을 쓰시오.

(   )

(2) 위 고드름이 녹을 때 관찰할 수 있는 물의 상태 변화 중 고체에서 액체로 변하는 현상을 쓰시오.

수행 평가

정답 · 6쪽

2. 물의 상태 변화(1)

학습 주제 물의 상태 변화 알아보기

학습 목표 물이 세 가지 상태로 변할 수 있음을 알고, 우리 주변에서 예를 찾을 수 있다.

[1~2] 다음과 같은 방법으로 얼음과 물의 상태 변화를 관찰하였습니다.

❶ 페트리접시 위에 얼음을 놓고 관찰하기	❷ 따뜻한 손난로 위에 얼음이 담긴 페트리접시를 올린 뒤, 변화를 관찰하기	❸ 물 한 방울을 빈 페트리접시에 떨어뜨려 퍼지게 한 뒤, 따뜻한 손난로 위에 올리고 변화를 관찰하기

1 천재교과서, 동아, 미래엔, 비상, 지학사

다음은 위 탐구 결과를 정리한 것입니다. ☐ 안에 알맞은 말을 각각 쓰시오.

❶에서 관찰한 얼음의 특징	얼음은 눈에 보이고, 일정한 ❶ ☐ 이/가 있음.
❷에서 관찰한 변화	얼음이 녹아 ❷ ☐ 이/가 되었음.
❸에서 관찰한 물의 특징	물은 눈에 보이고, ❸ ☐ 성질이 있음.
❸에서 관찰한 변화	시간이 지남에 따라 물이 ❹ ☐ (으)로 변해 눈에 보이지 않음.

2 천재교과서, 동아, 미래엔, 비상, 지학사

위 실험을 통해 관찰할 수 있는 물의 상태 변화를 쓰시오.

_____

_____

2 단원

진도 완료 Check!

물이 얼 때와 얼음이 녹을 때의 변화 / 증발과 끓음

개념 ① **물이 얼 때의 무게와 부피 변화** 실험 동영상

중요 **1. 물이 얼 때 무게와 부피 변화 관찰하기**

 물이 얼 때 액체인 물이 고체인 얼음으로 상태가 변해.

과정

1️⃣ 시험관에 물을 반쯤 넣고 마개를 닫은 뒤 전자저울로 무게를 측정하기

2️⃣ 검은색 유성펜으로 시험관 안의 물의 높이 표시하기

3️⃣ 소금을 섞은 얼음 가운데에 물이 든 시험관을 꽂아 물을 얼리기

4️⃣ 물이 완전히 얼면 시험관을 꺼내 바깥면을 면수건으로 닦기

5️⃣ 물이 언 시험관의 무게를 측정한 뒤, 빨간색 유성펜으로 높이를 표시하여 관찰하기

물을 반쯤 넣은 시험관 / 소금을 섞은 얼음

▲ 시험관의 물 얼리기

결과

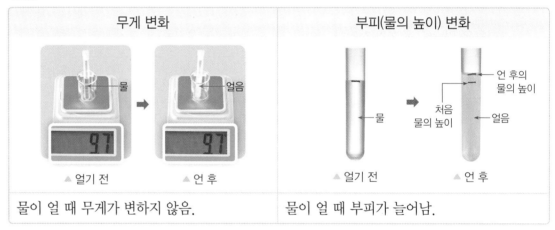

무게 변화	부피(물의 높이) 변화
물 → 얼음 / 97 → 97 / ▲ 얼기 전 · ▲ 언 후	물 → 언 후의 물의 높이, 처음 물의 높이, 얼음 / ▲ 얼기 전 · ▲ 언 후
물이 얼 때 무게가 변하지 않음.	물이 얼 때 부피가 늘어남.

 물의 높이는 물의 부피를 나타내.

알게 된 점

• 물이 얼면 무게는 변하지 않고 부피는 늘어납니다.

2. 물이 얼 때 부피가 늘어나는 현상과 관련된 예 → 얼음 틀에 물을 가득 채워 얼리면 얼음이 서로 붙습니다.

용어 풀이

*계량기: 생산량이나 소비량을 재는 기구

얼기 전 → 언 후

▲ 냉동실에 물이 가득 든 페트병을 얼리면 물의 부피가 늘어나서 페트병이 부풂.

▲ 매우 추운 겨울철에 수도관을 지나는 물이 얼어 부피가 늘어나서 수도관에 연결된 *계량기가 깨지기도 함.

개념② 얼음이 녹을 때의 무게와 부피 변화

실험 동영상

1. 얼음이 녹을 때 무게와 부피 변화 관찰하기

과정

1 물이 완전히 언 시험관을 따뜻한 물에 넣기

2 시험관의 얼음이 완전히 녹으면 시험관을 꺼내 바깥면을 면수건으로 닦기 → 시험관 바깥면에 묻은 물을 닦아 무게를 정확하게 측정하기 위해서입니다.

3 얼음이 녹은 시험관의 무게를 측정하고 물의 높이 변화를 관찰하기

물이 언
시험관

따뜻한
물

▲ 물이 언 시험관 녹이기

2
단원

결과

무게 변화	부피(물의 높이) 변화
얼음 → 물 97 → 97 ▲ 녹기 전　　▲ 녹은 후	얼었을 때 물의 높이 / 얼음 → 녹은 후의 물의 높이 / 물 ▲ 녹기 전　　▲ 녹은 후
얼음이 녹을 때 무게가 변하지 않음.	얼음이 녹을 때 부피가 줄어들어 얼기 전의 부피로 돌아감.

알게 된 점

• 얼음이 녹아 물이 되어도 무게는 변하지 않고 부피는 줄어듭니다. 이때 줄어든 부피는 물이 얼 때 늘어난 부피와 같습니다.

2. 얼음이 녹을 때 부피가 줄어드는 현상과 관련된 예

녹기 전　　　　　녹은 후

▲ 얼린 요구르트가 녹으면 튀어나온 마개의 모양이 얼기 전으로 되돌아감. → 편평해지거나 오목해집니다.

녹기 전　　　　　녹은 후

▲ 튜브에 든 얼음과자가 녹으면 부피가 줄어듦.

실험 동영상

개념③ 물이 증발할 때와 끓을 때의 특징 관찰하기

1. 물을 거름종이에 묻혔을 때의 변화 관찰하기

바람이 잘 통할수록 물이 더 잘 말라.

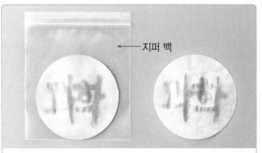
← 지퍼 백

❶ 붓에 물을 묻혀 거름종이 두 장에 각각 글자를 쓰기

❷ 한 장만 지퍼 백에 넣어 입구를 막고, 두 거름종이를 햇빛이 잘 드는 곳에 두기

10분 정도 지난 뒤 →

지퍼 백에 넣은 거름종이	지퍼 백에 넣지 않은 거름종이
• 물기가 마르지 않아 축축함.	• 물기가 말라 보송 보송함.
• 물로 쓴 글자가 남아 있음.	• 물로 쓴 글자가 보이지 않음.

지퍼 백에 넣지 않은 거름종이의 물은 시간이 지나 수증기로 변함. ➡ 증발

2. 물이 끓을 때의 변화 관찰하기

물이 끓을 때 기포가 터지면서 소리가 나.

처음 물의 높이

기포

물이 끓을 때

• 물 표면이 잔잔하지 않고 불규칙한 모양이 생김.

• 물 표면과 물속에서 물이 수증기로 변해 많은 양의 *기포가 생기고 물이 줄어듦. ➡ 끓음
  └ 물의 높이가 낮아집니다.

3. 물의 증발과 끓음: 액체인 물이 기체인 수증기로 변해 공기 중으로 흩어집니다.

증발	물 표면에서 액체인 물이 기체인 수증기로 상태가 변하는 현상
끓음	물을 가열하면 물 표면과 물속에서 물이 수증기로 상태가 변하는 현상

★이런 자료도 있어요 천재교과서, 동아, 아이스크림, 지학사

일상생활에서 증발과 끓음을 이용하는 예

감 말리기

고추 말리기

▲ 증발 이용

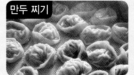
만두 찌기

다림질하기
스팀다리미

▲ 끓음 이용

개념 쏙! 익히기

1 <small>7종 공통</small>
다음 중 오른쪽과 같이 시험관 안의 물이 완전히 언 후의 모습에 대한 설명으로 옳은 것은 어느 것입니까? (   )

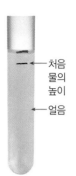

처음 물의 높이
← 얼음

① 물이 얼면 물이 검게 변한다.
② 물이 얼면 물의 부피가 늘어난다.
③ 물이 얼어도 물의 높이는 변하지 않는다.
④ 물이 얼면 물의 무게가 줄어들었다가 늘어난다.
⑤ 물이 얼면 물의 높이가 처음 물의 높이보다 낮아진다.

2 <small>7종 공통</small>
다음 중 위 **1**번의 물이 완전히 언 시험관의 얼음이 녹을 때의 변화로 옳은 것을 두 가지 고르시오.

(,   )

① 무게가 늘어난다.
② 무게가 줄어든다.
③ 부피가 늘어난다.
④ 부피가 줄어든다.
⑤ 무게가 변하지 않는다.

3 <small>천재교과서</small>
오른쪽과 같이 거름종이 두 장에 물로 각각 글자를 쓴 뒤 한 장만 지퍼 백에 넣어 입구를 막고, 두 거름종이를 햇빛이 잘 드는 곳에 두었습니다. ㉠과 ㉡ 중 10분 정도 지난 뒤 글자가 보이지 않는 것을 골라 기호를 쓰시오.

← 지퍼 백
㉠   ㉡

(   )

4 <small>7종 공통</small>
다음은 증발과 끓음에 대한 설명입니다. ☐ 안에 들어갈 알맞은 말을 쓰시오.

> 물이 증발하거나 끓을 때 액체인 물이 기체인 ☐(으)로 변해 공기 중으로 흩어집니다.

(   )

2. 물의 상태 변화(2)

[1~2] 다음은 물이 얼 때 무게와 부피 변화를 관찰한 결과입니다. 물음에 답하시오.

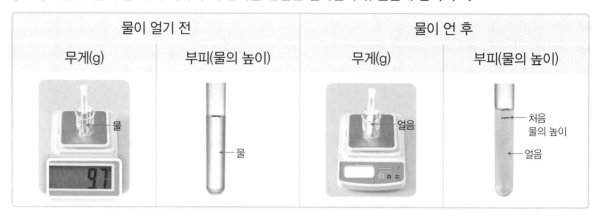

물이 얼기 전		물이 언 후	
무게(g)	부피(물의 높이)	무게(g)	부피(물의 높이)

1 7종 공통
위 실험에서 물이 얼기 전 시험관의 무게는 9.7 g입니다. 물이 언 후 측정한 시험관의 무게를 쓰시오.

(   ) g

2 7종 공통
다음 중 위 결과를 통해 알 수 있는 물의 부피 변화에 대한 설명으로 옳은 것은 어느 것입니까?

(   )

① 물이 얼어 얼음이 될 때 부피는 줄어든다.
② 물이 얼어 얼음이 될 때 부피는 늘어난다.
③ 물이 얼어 얼음이 될 때 무게는 줄어든다.
④ 물이 얼어 얼음이 될 때 부피는 변하지 않는다.
⑤ 물이 얼어 얼음이 될 때 부피와 무게는 모두 변하지 않는다.

3 천재교과서, 동아
다음은 날씨가 매우 추운 겨울철에 수도관에 연결된 계량기가 깨지는 까닭입니다. ☐ 안에 들어갈 알맞은 말을 쓰시오.

> 겨울철에 날씨가 추워지면 수도관을 지나는 물이 얼어 부피가 ☐ 때문입니다.

(   )

4 7종 공통
다음 중 오른쪽과 같이 시험관 안의 얼음이 녹으면 물의 높이가 변하는 까닭으로 옳은 것은 어느 것입니까? (   )

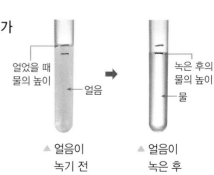

① 얼음이 녹아 물이 될 때 무게가 늘어났기 때문이다.
② 얼음이 녹아 물이 될 때 부피가 늘어났기 때문이다.
③ 얼음이 녹아 물이 될 때 무게가 줄어들었기 때문이다.
④ 얼음이 녹아 물이 될 때 부피가 줄어들었기 때문이다.
⑤ 얼음이 녹아 물이 될 때 다른 물질로 변했기 때문이다.

5 7종 공통
다음 중 오른쪽과 같이 튜브에 가득 채워져 있는 꽁꽁 언 얼음과자가 녹은 후의 변화로 옳은 것은 어느 것입니까? (   )

① 튜브가 더 크게 부푼다.
② 튜브 안에 빈 공간이 생긴다.
③ 얼음과자의 부피가 늘어난다.
④ 얼음과자의 무게가 늘어난다.
⑤ 얼음과자의 무게가 줄어든다.

6 천재교과서, 비상, 아이스크림, 지학사
다음 중 얼음 틀에 물을 가득 채워 얼릴 때 얼음이 서로 붙는 까닭으로 옳은 것은 어느 것입니까?

(   )

① 얼음이 액체로 상태가 변하기 때문이다.
② 얼음이 얼 때 부피가 줄어들기 때문이다.
③ 얼음이 얼 때 부피가 늘어나기 때문이다.
④ 얼음이 얼 때 무게가 점점 늘어나기 때문이다.
⑤ 얼음 사이의 공간에 공기가 가득 차기 때문이다.

7 천재교과서
다음 중 오른쪽과 같이 거름종이에 물로 글자를 쓴 뒤 햇빛이 잘 드는 곳에 10분 정도 두었을 때의 변화로 옳은 것을 두 가지 고르시오. (,   )

① 거름종이의 물기가 마른다.
② 거름종이의 물은 상태가 변하지 않는다.
③ 거름종이의 물이 고체로 변해 단단해진다.
④ 거름종이의 물이 기체인 수증기로 변한다.
⑤ 거름종이에 물로 쓴 글자가 그대로 남아 있다.

8 천재교과서, 동아, 아이스크림, 지학사
다음 중 일상생활에서 증발을 이용하는 예를 골라 기호를 쓰시오.

▲ 달걀 삶기

▲ 빨래 말리기

▲ 다림질하기

(   )

9 <small>7종 공통</small>
다음 중 오른쪽과 같이 물이 끓을 때 나타나는 변화로 옳지 <u>않은</u> 것은 어느 것입니까? (   )

① 액체인 물이 기체인 수증기로 변한다.
② 물이 끓을 때 기포가 터지면서 소리가 난다.
③ 시간이 지남에 따라 물의 높이가 점차 낮아진다.
④ 물 표면이 잔잔하지 않고 불규칙한 모양이 생긴다.
⑤ 물속에서 공기 방울이 생기면서 물의 높이가 점차 높아진다.

10 <small>7종 공통</small>
다음 중 물이 증발할 때와 끓을 때의 공통점으로 옳은 것은 어느 것입니까? (   )

① 물의 양은 변하지 않는다.
② 물 표면에서만 물의 상태 변화가 일어난다.
③ 액체인 물이 기체인 수증기로 상태가 변한다.
④ 기체인 수증기가 액체인 물로 상태가 변한다.
⑤ 물속과 물 표면에서 모두 물의 상태 변화가 일어난다.

서술형·논술형 문제 <small>천재교과서, 동아, 비상, 아이스크림, 지학사</small>

11 다음은 우리 주위에서 볼 수 있는 여러 가지 모습입니다.

| ㉠ | ㉡ | ㉢ |

▲ 고드름이 녹음.

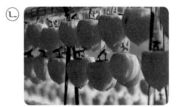
▲ 감을 말림.

▲ 물이 끓음.

(1) 위에서 물의 증발과 관련된 예의 기호를 쓰시오.

(   )

(2) 물의 증발이란 무엇인지 쓰시오.

_____

_____

학습 주제 얼음이 녹을 때의 변화 알아보기

학습 목표 얼음이 녹을 때의 무게와 부피 변화를 관찰할 수 있다.

[1~2] 다음과 같은 방법으로 얼음이 녹을 때의 무게와 부피 변화를 관찰하였습니다.

① 물이 완전히 언 시험관을 따뜻한 물에 넣기
② 시험관의 얼음이 완전히 녹으면 시험관을 꺼내 바깥면을 면수건으로 닦기
③ 얼음이 녹은 시험관의 무게를 측정하고 물의 높이 변화를 관찰하기

물이 언 시험관

따뜻한 물

▲ 물이 언 시험관 녹이기

2
단원

진도 완료
Check!

1 7종 공통
다음은 위 탐구 결과를 나타낸 것입니다. ☐ 안에 알맞은 말을 각각 쓰시오.

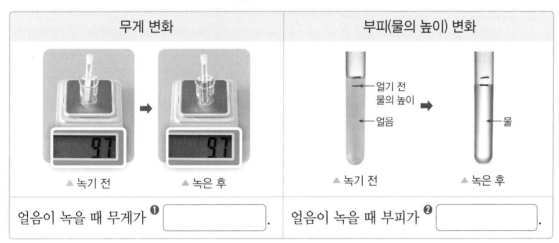

무게 변화	부피(물의 높이) 변화
▲ 녹기 전 　→　 ▲ 녹은 후	얼기 전 물의 높이 　얼음　→　물　▲ 녹기 전 　▲ 녹은 후
얼음이 녹을 때 무게가 ❶ ☐.	얼음이 녹을 때 부피가 ❷ ☐.

2 천재교과서
얼린 요구르트를 따뜻한 곳에 두면 튀어나온 마개의 모양이 편평해지거나 오목해지는 까닭을 위 탐구 결과와 관련지어 쓰시오.

실험 동영상

개념① 차가운 물체 바깥면에 나타나는 변화

1. 얼음이 든 비커의 바깥면 관찰하기

얼음을 넣은 비커 바깥면에 물방울이 작게 맺혔다가 물방울이 점점 커져.

① 식용색소 탄 물을 넣은 두 개의 비커 중 한 개에만 얼음을 넣고 비커 바깥면의 변화 비교하기

*식용색소를 탄 물	식용색소를 탄 물 + 얼음
• 비커 바깥면에 변화가 없음. • 비커 바깥면을 닦은 면수건은 변화가 없음.	• 비커 바깥면이 흐려지며 작은 물방울이 맺힘. • 비커 바깥면을 닦은 면수건이 물에 젖음. ↳ 면수건에 묻은 물은 색깔이 없습니다.

② 얼음이 든 비커의 바깥면에 변화가 일어난 까닭: 공기 중에 있던 기체인 수증기가 차가운 비커 바깥면에서 액체인 물로 변했기 때문입니다.

2. 응결과 응결 현상의 예

① 응결: 기체인 수증기가 액체인 물로 상태가 변하는 현상

② 응결 현상의 예 → 뜨거운 음식을 먹을 때 안경알이 뿌옇게 흐려지는 것, 맑은 날 아침 풀잎에 맺힌 물방울 등

냄비 뚜껑 안쪽에 맺힌 물방울은 냄비 안의 수증기가 응결한 거야.

▲ 따뜻한 음식이 담긴 냄비 뚜껑 안쪽에 맺힌 물방울

▲ 겨울철 따뜻한 방 유리창 안쪽에 맺힌 물방울

▲ 맑은 날 이른 아침 거미줄에 맺힌 물방울

⭐이런 자료도 있어요   천재교과서, 비상, 아이스크림, 지학사

얼음이 든 비커의 무게 변화 측정하기

얼음이 든 비커의 무게를 측정해 보면 시간이 지난 뒤의 무게가 처음 무게보다 늘어납니다.

➡ 공기 중의 수증기가 차가운 비커 표면에 닿아 물방울이 맺히고, 맺힌 물방울의 무게만큼 무게가 늘어나기 때문입니다.

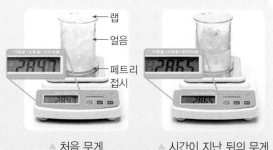
▲ 처음 무게   ▲ 시간이 지난 뒤의 무게

용어 풀이

*식용색소: 음식물의 빛깔을 좋게 하기 위해 물들이는 데 쓰는 색소

개념 ② 물 부족 사례와 해결책 조사하기

1. 물이 부족한 지역 사람들이 겪는 어려움: 마실 물이 부족해 목이 마르고 건강이 나빠지며, 농작물이 잘 자라지 못해 식량이 부족해집니다. →음식을 만들 수 없고, 깨끗이 씻을 수 없어 건강을 해칠 것입니다.

물은 동식물이 생명을 유지하기 위해 꼭 필요해!

2. 물을 얻는 장치와 물을 얻는 방법

물을 얻는 장치	물을 얻는 방법	이용한 물의 상태 변화
▲ 와카워터	밤에 기온이 내려가면 공기 중의 수증기가 응결해 그물에 물방울로 맺히고, 그물에 응결한 물이 탑 아래쪽의 통에 모임.	공기 중 수증기가 물로 응결하는 성질을 이용
▲ 안개 수집기	식물의 줄기를 엮어 만든 틀에 그물을 달아 기온 차로 맺힌 물방울을 모음.	
▲ 솔라볼	더러운 물에서 증발한 수증기가 응결해 안쪽 표면을 따라 흘러 바깥쪽 통에 모임.	더러운 물질이 섞인 물이 증발해 수증기로 상태가 변했다가 다시 깨끗한 물로 응결하는 현상을 이용
▲ 엘리오도메스티코 증류기	더러운 물에서 증발한 수증기가 관을 통해 이동하고, 식으면 응결해 물을 얻음.	

물을 끓일 때 수증기로 변한 물이 온도가 낮아지면 다시 응결하는 현상을 이용해 물을 얻을 수도 있어.

3. 정리하기

여러 나라에서 물이 부족해진 까닭	• 인구 증가와 산업 발달로 물 사용량이 많아지기 때문임. • *기후변화로 비가 충분히 내리지 않는 곳이 있기 때문임.
물 부족 문제를 해결할 수 있는 방법	• 새로운 기술을 이용해 물을 얻는 다양한 장치를 개발함. • 생활에서 물을 아껴 쓰려는 노력이 필요함.

→양치할 때 컵 사용하기, 설거지할 때 물 받아서 하기, 세수할 때 물 잠그고 비누칠하기 등

용어 풀이

*기후변화: 일정 지역에서 오랜 기간에 걸쳐 진행되는 기상의 변화

2. 물의 상태 변화 • **61**

창의력 기르기

❗ 물을 얻는 장치 설계하고 만들기

⭐함께 계획하기

1. **물을 얻는 다양한 방법을 이야기해 보기**

   ① 얼음을 녹여 물을 얻습니다.

   ② 공기 중의 수증기를 응결시킵니다.

   ③ 바닷물을 모아 증발시킨 뒤 다시 응결시킵니다.

2. **위의 방법 중 물의 상태 변화를 이용하는 방법을 생각해 보기**
3. **어떤 재료로 어떤 모양의 장치를 만들어 물을 얻을지 정해 보기**
4. **증발과 응결이 잘 일어나도록 장치를 설계하고 설계도를 그려 보기**

⭐함께 해 보기

1. **물을 얻는 장치 설계하기**
2. **설계한 대로 장치를 만들기** 예

▲ 공기 중 수증기의 응결을 이용한 물을 얻는 장치

▲ 물의 증발과 응결을 이용한 물을 얻는 장치

⭐함께 나누기

1. **물을 얻는 장치를 소개하기** 예

   ① 장치 이름: 물 수집기

   ② 사용한 재료: 망 수세미, 빵 끈, 물받이 통, 나무젓가락, 셀로판테이프 등

   ③ 이용한 물의 상태 변화: 기체인 수증기가 액체인 물로 상태가 변하는 응결

2. **장치에서 이용한 물의 상태 변화와 장치의 좋은 점 또는 보완할 점** 예

장치 이름	이용한 물의 상태 변화	좋은 점 / 보완할 점
물 수집기	응결	공기 중에서 물을 얻을 수 있음.
물 생성기	증발, 응결	• 작은 통 안에 깨끗한 물이 담김. • 증발한 물이 통 안에 모이도록 안쪽 통의 위치를 조절해 고정함.

1 7종 공통

다음 중 오른쪽과 같이 식용색소 탄 물이 담긴 비커에 얼음을 넣었을 때 시간이 지난 뒤 비커 바깥면에 나타나는 변화로 옳은 것은 어느 것입니까? (   )

① 아무런 변화가 없다.

② 투명한 작은 물방울이 맺힌다.

③ 투명한 얼음 알갱이가 붙어 있다.

④ 색소와 같은 색깔의 물방울이 맺힌다.

⑤ 색소와 같은 색깔의 얼음 알갱이가 붙어 있다.

2 7종 공통

다음 중 위 **1**번 실험과 관련된 현상을 골라 기호를 쓰시오.

▲ 겨울철 따뜻한 방 유리창 안쪽에 물방울이 맺힘.

▲ 추운 겨울날 수도관에 연결된 계량기가 깨짐.

▲ 어항의 물이 시간이 지나면 점점 줄어듦.

(   )

3 천재교과서, 미래엔, 비상, 아이스크림

물이 부족할 때 겪을 수 있는 어려움과 관련이 <u>없는</u> 것을 보기 에서 골라 기호를 쓰시오.

> **보기**
> ㉠ 깨끗이 씻기 어렵습니다.   ㉡ 마실 물이 부족해집니다.
> ㉢ 농작물이 잘 자라지 못합니다.   ㉣ 큰비가 자주 내려 피해를 입습니다.

(   )

4 천재교과서, 미래엔

다음 중 오른쪽의 솔라볼에 대한 설명으로 옳은 것은 어느 것입니까?

(   )

① 그물에 기온 차로 맺힌 물방울을 이용하는 장치이다.

② 수증기가 관을 통해 이동하고 응결하여 물을 얻는 장치이다.

③ 물을 끓일 때 수증기로 변한 물이 다시 응결하는 현상을 이용한 장치이다.

④ 공기 중 수증기가 응결해 탑에 물방울로 맺히는 현상을 이용한 장치이다.

⑤ 더러운 물질이 섞인 물이 증발해 수증기로 상태가 변했다가 다시 물로 응결하는 현상을 이용한 장치이다.

1 7종 공통

다음과 같이 비커 두 개에 식용색소 탄 물을 담은 뒤, 한 개의 비커에만 얼음을 넣었을 때 비커 바깥면의 변화로 옳은 것은 어느 것입니까? (   )

▲ 식용색소를 탄 물

▲ 식용색소를 탄 물+얼음

① ㉠에만 물방울이 맺힌다.
② ㉡에만 물방울이 맺힌다.
③ ㉠과 ㉡ 모두 물방울이 맺힌다.
④ ㉠과 ㉡ 모두 아무런 변화가 없다.
⑤ ㉠에는 물방울이 맺히고, ㉡에는 얼음이 맺힌다.

2 7종 공통

다음 중 위 **1**번 실험과 관련 있는 물의 상태 변화는 어느 것입니까? (   )

① 증발   ② 응결   ③ 끓음
④ 녹이기   ⑤ 얼리기

3 7종 공통

다음은 아래와 같은 현상이 나타나는 까닭을 설명한 것입니다. ㉠, ㉡에 들어갈 알맞은 말을 각각 쓰시오.

▲ 따뜻한 음식이 담긴 냄비 뚜껑 안쪽에 맺힌 물방울

▲ 이른 아침 풀잎 표면에 맺힌 물방울

공기 중 [㉠]이/가 차가운 물체에 닿아 [㉡]하여 물방울이 맺힌 것입니다.

㉠ (   )   ㉡ (   )

4 다음 중 물의 응결과 관련된 예를 두 가지 고르시오. (,   )

①

▲ 맑은 날 이른 아침 거미줄에
맺힌 물방울

②

▲ 봄이 되어 녹아 흐르는 계곡물

③

▲ 고드름이 녹아 떨어지는 물방울

④

▲ 차가운 컵 바깥면에 맺힌 물방울

5 다음 중 차가운 얼음물이 담긴 유리컵 바깥면에서 나타나는 물의 상태 변화로 옳은 것은 어느 것입니까? (   )

① 물의 상태가 변하지 않는다.

② 고체에서 액체로 상태가 변한다.

③ 액체에서 고체로 상태가 변한다.

④ 액체에서 기체로 상태가 변한다.

⑤ 기체에서 액체로 상태가 변한다.

6 다음 ☐ 안에 공통으로 들어갈 알맞은 말은 어느 것입니까? (   )

우리는 마시거나 씻거나 음식을 만들기 위해 매일 ☐을/를 이용하며, ☐은/는 동식물의 생명을 유지하기 위해 꼭 필요합니다.

① 물　　　　　　　　② 기름　　　　　　　　③ 공기
④ 기포　　　　　　　　⑤ 수증기

7 다음 중 물이 부족한 원인을 잘못 설명한 친구의 이름을 쓰시오.

송현: 산업의 발달로 물 사용량이 늘어나고 있기 때문이야.
지원: 인구가 감소하여 이용 가능한 물이 줄어들었기 때문이야.
현재: 기후변화로 비가 충분히 내리지 않는 곳이 있기 때문이야.

(   )

[8~10] 오른쪽은 물을 얻는 장치인 와카워터입니다. 물음에 답하시오.

8 천재교과서, 동아, 아이스크림, 지학사
오른쪽의 와카워터에 대한 설명입니다. ☐ 안에 들어갈 알맞은 말을 쓰시오.

> 와카워터는 기온이 낮아지는 밤에 공기 중 ☐ 이/가 그물망에 닿아 맺힌 물을 모으는 장치입니다.

( )

9 천재교과서, 동아, 아이스크림, 지학사
다음 중 와카워터에 이용된 물의 상태 변화는 어느 것입니까? ( )

① 증발 　　　　② 끓음 　　　　③ 응결
④ 얼리기 　　　　⑤ 녹이기

10 천재교과서, 동아
다음 중 생활에서 물을 아껴 쓰는 방법으로 옳은 것을 두 가지 고르시오. (,)

① 양치할 때 컵을 사용한다.
② 물을 틀어 놓고 세수를 한다.
③ 물을 틀어 놓고 설거지를 한다.
④ 빨래할 때 빨랫감을 모아서 한 번에 한다.
⑤ 손을 씻을 때 물을 틀어 놓고 비누칠을 한다.

서술형·논술형 문제 천재교과서, 미래엔, 비상

11 다음은 여러 가지 물을 얻는 장치입니다.

ㄱ ▲ 안개 수집기　　　ㄴ ▲ 솔라볼　　　ㄷ ▲ 엘리오도메스티코 증류기

(1) 위 ㄱ~ㄷ 중 기온 차로 그물망에 맺힌 물을 모으는 장치를 골라 기호를 쓰시오.

( )

(2) 위 ㄱ~ㄷ과 같은 물 얻는 장치는 물의 어떤 상태 변화를 이용한 것인지 쓰시오.

_____

_____

학습 주제 수증기가 응결할 때의 변화 알아보기

학습 목표 수증기가 응결할 때의 변화를 관찰할 수 있다.

[1~2] 다음과 같은 방법으로 얼음이 든 비커의 바깥면을 관찰하였습니다.

1 비커 두 개에 각각 상온의 물을 담고 식용색소를 넣어 유리 막대로 잘 젓기

2 한 개의 비커에만 얼음을 넣고 다른 비커는 가만히 두기

3 10분 정도 관찰하여 두 비커의 바깥면의 변화 비교하기

4 두 비커의 바깥면을 면수건으로 닦아 면수건에 묻은 물의 색깔과 양 관찰하기

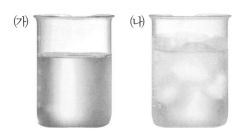

▲ 식용색소를 탄 물   ▲ 식용색소를 탄 물+얼음

진도 완료
Check!

1 7종 공통

다음은 위 ㈎와 ㈏ 중 어느 것을 관찰한 결과인지 기호를 쓰시오.

- 비커 바깥면에 작은 물방울이 맺힙니다.
- 비커 바깥면을 닦은 면수건이 물에 젖고, 면수건에 묻은 물의 색깔이 없습니다.

(   )

2 7종 공통

다음 보기 에서 위 **1**번 결과와 관련 있는 물의 상태 변화를 골라 기호를 쓰시오.

보기

㉠ 기체 → 액체   ㉡ 고체 → 기체   ㉢ 액체 → 고체

(   )

3 7종 공통

오른쪽과 같이 뜨거운 음식을 먹을 때 안경알이 뿌옇게 흐려지는 까닭을 위 탐구 결과와 관련지어 쓰시오.

2. 물의 상태 변화

물의 세 가지 상태와 상태 변화

☑ **물의 세 가지 상태**: 물은 고체인 얼음, 액체인 물, 기체인 ❶[   ]의 세 가지 상태로 있습니다.

물의 상태	고체(얼음)	액체(물)	기체(수증기)
특징	눈에 보이고 손으로 잡을 수 있음.	눈에 보이지만 손으로 잡을 수 없음.	공기 중에 있지만 눈에 보이지 않음.

☑ **물의 상태 변화**: 물이 한 가지 상태에서 또 다른 ❷[   ](으)로 변하는 현상

▲ 얼음(고체)　　　　▲ 물(액체)　　　　▲ 수증기(기체)

물이 얼 때와 얼음이 녹을 때의 변화

☑ **물이 얼 때와 얼음이 녹을 때 무게와 부피 변화**

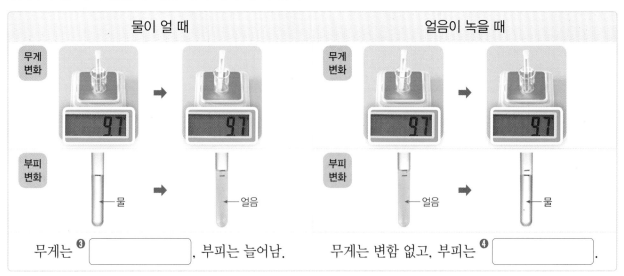

물이 얼 때	얼음이 녹을 때
무게 변화	무게 변화
부피 변화	부피 변화

무게는 ❸[   ], 부피는 늘어남.　　　무게는 변함 없고, 부피는 ❹[   ].

물이 수증기가 되는 변화

☑ **물의 증발과 끓음:** 액체인 물이 기체인 ❺ [   ](으)로 상태가 변해 공기 중으로 흩어집니다.

증발		끓음	
물 표면에서 액체인 물이 기체인 수증기로 상태가 변하는 현상	 ▲ 빨래 말리기	물을 가열하면 물 표면과 물속에서 물이 수증기로 상태가 변하는 현상	 ▲ 물 끓이기

수증기가 물이 되는 변화

☑ **응결:** 기체인 수증기가 액체인 ❻ [   ](으)로 상태가 변하는 현상입니다.

▲ 따뜻한 음식이 담긴 냄비 뚜껑 안쪽에 맺힌 물방울

▲ 겨울철 따뜻한 방 유리창 안쪽에 맺힌 물방울

▲ 맑은 날 이른 아침 거미줄에 맺힌 물방울

물 부족 문제의 해결책

☑ **물을 얻는 장치:** 물의 ❼ [   ] 변화를 이용한 장치로 물을 얻을 수 있습니다.

▲ 와카워터

▲ 안개 수집기

▲ 솔라볼

▲ 엘리오도메스티코 증류기

• 배점 표시가 없는 문제는 문제당 4점입니다.

[1~2] 다음은 여러 가지 상태의 물을 나타낸 것입니다. 물음에 답하시오.

ㄱ

▲ 빗물

ㄴ

▲ 고드름

ㄷ

마른 손
▲ 손에 있던 물

ㄹ

▲ 눈

ㅁ

▲ 빨래에 있던 물

ㅂ

▲ 수돗물

1 천재교과서
다음은 위 ㉠~㉥을 분류 기준에 따라 분류한 것입니다. 잘못 분류한 것을 골라 기호를 쓰시오.

분류 기준   눈에 보이는가?

그렇다.	그렇지 않다.
㉡, ㉣, ㉫	㉠, ㉢, ㉭

(   )

2 천재교과서
위 ㉠~㉫을 상태에 따라 분류하여 각각 기호를 쓰시오.

(1) 고체: (   )

(2) 액체: (   )

(3) 기체: (   )

3 7종 공통
다음 중 수증기에 대한 설명으로 옳은 것은 어느 것입니까? (   )

① 모양이 일정하다.

② 손으로 잡을 수 있다.

③ 얼음이 녹으면 수증기가 된다.

④ 공기 중에 있지만 눈에 보이지 않는다.

⑤ 흐르는 성질이 있어 손으로 잡을 수 있다.

서술형·논술형 문제   천재교과서, 동아, 미래엔, 비상, 지학사

4 다음과 같이 얼음이 담긴 페트리접시를 따뜻한 손난로 위에 올린 뒤 변화를 관찰하였습니다. [총 12점]

얼음
손난로

(1) 위 실험에서 페트리접시에 담긴 얼음은 시간이 지남에 따라 어떻게 변하는지 ▭ 안에 들어갈 알맞은 말을 쓰시오. [4점]

얼음이 녹아 ▭이/가 됩니다.

(   )

(2) 얼음이 위 (1)번 답과 같이 변할 때의 상태 변화를 쓰시오. [8점]

_____

_____

[5~7] 다음과 같은 방법으로 물이 얼 때 무게와 부피 변화를 관찰하였습니다. 물음에 답하시오.

1️⃣ 시험관에 물을 반쯤 넣고 마개를 닫은 뒤 전자저울로 무게를 측정하기

2️⃣ 검은색 유성펜으로 시험관 안의 물의 [____]을/를 표시하기

3️⃣ 소금을 섞은 얼음 가운데에 물이 든 시험관을 꽂아 물을 얼리기

4️⃣ 물이 완전히 얼면 시험관을 꺼내 바깥면을 면수건으로 닦기

5️⃣ 물이 언 시험관의 무게를 측정한 뒤, 빨간색 유성펜으로 물의 [____]을/를 표시하기

5 _{7종 공통}
다음 중 위 과정 2️⃣와 과정 5️⃣의 ☐ 안에 공통으로 들어갈 알맞은 말은 어느 것입니까? (   )

① 높이   ② 색깔   ③ 온도
④ 촉감   ⑤ 냄새

6 _{7종 공통}
위 과정 1️⃣에서 측정한 시험관의 무게는 9.7 g이었습니다. 과정 5️⃣에서 측정한 시험관의 무게는 몇 g일지 쓰시오.

(   ) g

7 _{7종 공통}
다음 중 위 실험을 통해 알게 된 점으로 옳은 것은 어느 것입니까? (   )

① 물이 얼면 무게와 부피 모두 늘어난다.
② 물이 얼면 무게와 부피 모두 줄어든다.
③ 물이 얼면 무게와 부피 모두 변하지 않는다.
④ 물이 얼면 무게는 변하지 않고 부피는 늘어난다.
⑤ 물이 얼면 무게는 변하지 않고 부피는 줄어든다.

8 _{천재교과서, 동아}
다음 중 아래와 같은 현상이 나타나는 까닭으로 옳은 것은 어느 것입니까? (   )

겨울철에 갑자기 날씨가 추워지면 수도관에 연결된 계량기가 깨지기도 합니다.

① 물이 얼 때 부피가 줄어들기 때문이다.
② 물이 얼 때 부피가 늘어나기 때문이다.
③ 물이 얼 때 무게가 늘어나기 때문이다.
④ 물이 얼 때 부피가 변하지 않기 때문이다.
⑤ 물이 얼 때 무게가 변하지 않기 때문이다.

2 단원

9 _{7종 공통}
다음 중 오른쪽과 같이 물이 완전히 언 시험관을 따뜻한 물에 넣어 녹였을 때 변하지 <u>않는</u> 것은 어느 것입니까?

(   )

얼음
따뜻한 물

① 시험관 안의 물의 온도
② 시험관 안의 물의 상태
③ 시험관 안의 물의 높이
④ 시험관 안의 물의 무게
⑤ 시험관 안의 물의 부피

10 _{천재교과서, 동아, 미래엔, 지학사}
오른쪽과 같이 물이 얼어 있는 페트병의 무게를 재었더니 500 g이었습니다. 페트병 안의 얼음이 완전히 녹은 후에 페트병의 무게를 재면 몇 g일지 쓰시오.

(   ) g

11 다음 실험에서 두 거름종이의 변화로 옳은 것을 두 가지 고르시오. (,   )

> **1** 거름종이 두 장에 물로 각각 글자를 쓴 뒤 한 장만 지퍼 백에 넣어 입구를 막기
> **2** 두 거름종이를 햇빛이 잘 드는 곳에 10분 정도 두기

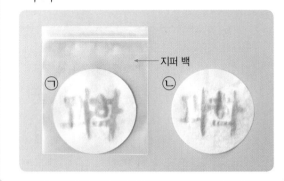

← 지퍼 백

	㉠	㉡
①	물기가 마름.	물기가 마르지 않음.
②	물기가 마르지 않음.	물기가 마름.
③	글자가 남아 있음.	글자가 남아 있음.
④	글자가 남아 있음.	글자가 보이지 않음.
⑤	글자가 보이지 않음.	글자가 남아 있음.

서술형·논술형 문제 7종 공통

12 다음과 같이 물이 끓고 난 뒤 물의 높이가 물이 끓기 전과 비교하여 낮아지는 까닭을 쓰시오. [8점]

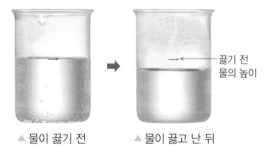

끓기 전 물의 높이

▲ 물이 끓기 전   ▲ 물이 끓고 난 뒤

_____

_____

13 다음 중 일상생활에서 끓음을 이용하는 예를 두 가지 고르시오. (,   )

① ▲ 감 말리기   ② ▲ 만두 찌기
③ ▲ 빨래 말리기   ④ ▲ 다림질하기

스팀다리미

14 7종 공통
다음 중 물이 증발할 때와 끓을 때의 공통점을 바르게 설명한 친구의 이름을 쓰시오.

> 인영: 액체인 물이 기체인 수증기로 상태가 변해.
> 시은: 기체인 수증기가 액체인 물로 상태가 변해.
> 성준: 물 표면과 물속에서 기포가 많이 발생하며 물이 줄어들어.

(   )

15 7종 공통
다음은 식용색소 탄 물이 든 비커에 얼음을 넣고 비커 바깥면의 변화를 관찰한 결과입니다. ㉠, ㉡에 들어갈 알맞은 말을 각각 쓰시오.

> 시간이 지난 뒤 비커 바깥면에 [㉠]이/가 맺히는데, 이와 같은 현상을 [㉡](이)라고 합니다.

㉠ (   )
㉡ (   )

2
단원

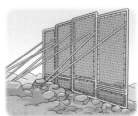

진도 완료
Check!

서술형·논술형 문제 · 7종 공통

16 다음은 추운 겨울날 따뜻한 방 유리창 안쪽의 모습입니다. [총 12점]

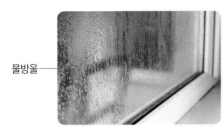

물방울 —

(1) 위 유리창 안쪽에 나타난 물의 상태 변화로 옳은 것을 보기 에서 골라 기호를 쓰시오. [4점]

보기

㉠ 물 → 얼음   ㉡ 얼음 → 물
㉢ 물 → 수증기   ㉣ 수증기 → 물

(   )

(2) 위와 같은 현상이 나타나는 까닭을 물의 상태 변화와 관련지어 쓰시오. [8점]

_____

_____

17 7종 공통

다음 중 물의 응결과 관련된 예로 옳은 것은 어느 것입니까? (   )

①
▲ 고추 말리기

②
▲ 국 끓이기

③
▲ 이른 아침 풀잎 표면에 맺힌 물방울

④
▲ 얼음 틀에 물을 가득 채워 얼린 얼음

18 7종 공통

다음 중 나머지 넷과 상태 변화가 다른 하나는 어느 것입니까? (   )

① 맑은 날 이른 아침 거미줄에 물방울이 맺힌다.
② 따뜻한 음식을 먹을 때 안경알이 뿌옇게 흐려진다.
③ 차가운 음료수가 들어 있는 컵 바깥면에 물방울이 맺힌다.
④ 튜브에 든 얼음과자가 녹으면 튜브 안에 빈 공간이 생긴다.
⑤ 따뜻한 음식이 들어 있는 냄비의 뚜껑 안쪽에 물방울이 맺힌다.

19 천재교과서, 동아, 미래엔

다음 중 여러 나라에서 물이 부족해진 까닭과 관련이 가장 적은 것은 어느 것입니까? (   )

① 물 절약   ② 기후변화
③ 산업 발달   ④ 인구 증가
⑤ 물 사용량 증가

20 천재교과서, 미래엔, 비상

다음은 안개 수집기를 이용해 물을 얻는 방법을 설명한 것입니다. ☐ 안에 들어갈 알맞은 말을 쓰시오.

안개 수집기는 이른 아침 공기 중 수증기가 그물망에 닿아 ☐☐☐하는 현상을 이용하여 물을 얻는 장치입니다.

▲ 안개 수집기

(   )

재미있는 과학 이야기

물은 왜 위에서부터 얼까?

4 ℃의 물이 가장
무겁기 때문이에요.

얼음

추운 겨울날 강이나 호수가 얼어 있는 모습을 흔히 볼 수 있어요. 강이나 호수는 위에서부터 어는데, 그 얼음이 물 위에 떠 있는 것이지요. 물 위에 뜬 얼음이 강이나 호수를 뚜껑처럼 덮어 주어 얼음 아래의 물은 더 이상 얼지 않아요.

물이 위에서부터 어는 까닭은 4 ℃의 물이 가장 무겁기 때문이에요. 찬 공기를 접하고 있는 물 표면에서 물의 온도가 4 ℃ 이하가 되면 4 ℃의 물보다 상대적으로 가벼워 위에 머무르게 됩니다. 따라서 표면에 있는 물이 얼게 됩니다.

만약 강물이 바닥부터 얼거나 얼음이 가라앉아 버린다면 강이나 호수 아래의 생물들은 살 수가 없을 거예요.

3

땅의 변화

흐르는 물에 의한 땅의 모습 변화 / 강 주변 지형의 특징

개념 1 흐르는 물에 의한 땅의 모습 변화

1. 흐르는 물에 의한 흙 언덕의 변화 관찰하기

색 모래를 뿌리면 흐르는 물에 의해 흙이 어떻게 이동하는지 쉽게 볼 수 있어.

과정

1️⃣ 수조 안의 각진 부분에 흙 언덕을 만든 뒤 흙 언덕 위쪽에 색 모래를 뿌리기

2️⃣ 흙 언덕 위쪽에서 물을 조금씩 흘려 보내며 색 모래의 움직임과 흙 언덕의 모습 변화 관찰하기

결과

흙 언덕의 위쪽

색 모래

흙이 많이 깎임.

흙 언덕의 아래쪽

흙이 많이 쌓임.

알게 된 점

• 색 모래는 흙 언덕의 위쪽에서 아래쪽으로 이동하였습니다.

• 흙이 많이 깎인 곳은 흙 언덕의 위쪽이고, 흙이 많이 쌓인 곳은 흙 언덕의 아래쪽입니다.

• 흙 언덕 위쪽에서는 침식 작용이 활발하게 일어나고, 흙 언덕 아래쪽에서는 퇴적 작용이 활발하게 일어납니다.

물이 흐르면서 땅의 모습을 변화시켜.

✦이런 자료도 있어요 동아, 미래엔, 아이스크림

흙 언덕에 흘려 보내는 물의 양에 따른 흙 언덕의 모습 변화

과정

① 큰 쟁반에 흙 언덕을 만들고 색 모래를 뿌린 후, 바닥에 구멍이 뚫린 종이컵으로 위쪽에서 천천히 물을 흘려 보냅니다.

② 바닥에 구멍이 더 크게 뚫려 있는 종이컵을 이용하거나 흙 언덕 위쪽에서 물을 많이 부으면서 흙 언덕의 변화를 관찰합니다.

색 모래

물

결과

• 구멍이 더 크게 뚫려 있는 종이컵을 이용하면 흙 언덕 위쪽이 더 많이 깎이고 아래쪽에 더 많은 물질이 쌓입니다.

• 흙 언덕 위쪽에서 물을 많이 부으면 흙 언덕의 모습도 더 크게 변합니다.

2. 흐르는 물에 의한 지표의 모습 변화

① 흐르는 물에 의한 땅의 모습 변화: 흐르는 물이 땅 위에 있는 바위나 돌, 흙을 깎고, 깎인 지표의 물질은 흐르는 물과 함께 운반되어 흙 언덕의 아래쪽과 같이 평평한 곳에 쌓입니다.

② 흐르는 물의 작용

침식 작용	흐르는 물이 땅에 있는 바위나 돌, 흙을 깎는 것
운반 작용	깎인 물질을 다른 곳으로 옮기는 것
퇴적 작용	운반된 물질이 쌓이는 것

③ *홍수가 난 뒤 땅의 모습이 많이 변하는 까닭: 홍수가 나서 많은 양의 물이 빠르게 땅 위를 흘러가면 침식 작용과 운반 작용이 더 활발하고, 퇴적되는 흙의 양도 더 많기 때문에 땅의 모습이 크게 변합니다.

흐르는 물에 의해 깎인 지표의 물질은 흐르는 물과 함께 운반되어 쌓여.

개념② 강 주변 지형의 특징

1. 강 주변의 모습 → 강의 상류에는 폭포나 계곡이 있고, 강의 하류에는 큰 강이 있습니다.

강의 상류

- 강의 하류보다 강폭이 좁고 경사가 급함.
- 큰 바위나 모난 돌이 많고, 침식 작용이 활발함.

강의 상류는 하류보다 경사가 급해.

강의 하류

- 강의 상류보다 강폭이 넓고 경사가 완만함.
- 모래나 고운 흙이 많고, 퇴적 작용이 활발함.

용어 풀이

*홍수: 물이 갑작스럽게 불어나 사람에게 피해를 주는 자연재해
*강의 상류: 강이 시작된 곳과 가까운 강의 위쪽 부분
*강의 하류: 바닷가에 가까운 강의 아래 부분

2. 강 주변 지형의 특징

① 강의 상류와 하류에서 물이 흐르는 모습의 특징: 강의 상류는 강의 하류보다 *물살이 더 빠릅니다.

강의 상류는
강의 하류보다
물의 흐름이 빨라.

② 강의 상류와 강의 하류의 특징

구분	강의 상류	강의 하류
강폭	좁음.	넓음.
강의 경사	급함.	완만함.
돌의 모습	큰 바위나 모난 돌이 많음.	모래나 고운 흙이 많음.

이런 자료도 있어요 천재교과서

강의 상류와 강의 하류에서 볼 수 있는 모습

③ 흐르는 물에 의한 땅의 모습 변화

흐르는 물이 상류에 있는
알갱이들을 하류로
운반하여 평평한 곳에
쌓기 때문에 상류와
하류의 지형이 달라.

• 물은 높은 곳에서 낮은 곳으로 흐르면서 땅의 모습을 조금씩 변화시킵니다.
• 강의 상류와 강의 하류에서 주로 일어나는 작용 → 강 상류에서도 퇴적 작용이 일어나고, 강 하류에서도 침식 작용이 일어납니다.

강의 상류	퇴적 작용보다 침식 작용이 활발하게 일어남.
강의 하류	침식 작용보다 퇴적 작용이 활발하게 일어남.

3. 강의 상류보다 하류에 마을이 발달한 까닭: 강의 하류 주변은 평평
하여 논과 밭을 만들어 곡식을 일구기에 좋기 때문입니다.

▲ 강 하류 주변의 마을

용어 풀이

*물살: 물이 흐르는
기세

1 7종 공통

오른쪽과 같이 흙 언덕을 만들고 물을 흘려 보낼 때 흙이 많이 깎이는 곳과 흙이 많이 쌓이는 곳의 기호를 각각 쓰시오.

(1) 흙이 많이 깎이는 곳: (   )
(2) 흙이 많이 쌓이는 곳: (   )

2 7종 공통

다음은 흐르는 물의 작용에 대한 설명입니다. ㉠~㉢에 들어갈 알맞은 말을 각각 쓰시오.

> 흐르는 물이 땅에 있는 바위나 돌, 흙을 깎는 것을 ㉠ 작용이라고 하고, 깎인 물질을 다른 곳으로 옮기는 것을 ㉡ 작용이라고 하며, 운반된 물질이 쌓이는 것을 ㉢ 작용이라고 합니다.

㉠ (   ) ㉡ (   ) ㉢ (   )

3 7종 공통

다음 중 강의 상류 주변 지형의 특징으로 옳은 것을 두 가지 고르시오. (,   )

① 퇴적 작용이 활발하다.
② 침식 작용이 활발하다.
③ 고운 흙을 많이 볼 수 있다.
④ 강폭이 좁고 경사가 급하다.
⑤ 강폭이 넓고 경사가 완만하다.

4 7종 공통

다음 중 강의 하류 주변에서 많이 볼 수 있는 모습은 어느 것입니까? (   )

①
②
③
④

[1~2] 오른쪽과 같이 흙 언덕을 만들고 색 모래를 뿌린 다음 물을 흘려 보내는 실험을 하였습니다. 물음에 답하시오.

색 모래

7종 공통

1 다음 중 위 실험에서 흙 언덕 위에 색 모래를 뿌리는 까닭으로 옳은 것은 어느 것입니까? (   )

① 흙이 잘 쌓이게 하기 위해서이다.

② 흙이 이동하지 않게 하기 위해서이다.

③ 흙이 빠르게 이동하도록 하기 위해서이다.

④ 흙이 이동하는 모습을 쉽게 보기 위해서이다.

⑤ 흙 언덕의 모습을 아름답게 꾸미기 위해서이다.

7종 공통

2 위 실험 결과에 대한 설명으로 옳은 것을 보기 에서 골라 기호를 쓰시오.

보기
ㄱ 흙이 많이 쌓이는 곳은 흙 언덕의 위쪽입니다.
ㄴ 흙이 많이 깎이는 곳은 흙 언덕의 아래쪽입니다.
ㄷ 색 모래는 흙 언덕의 위쪽에서 아래쪽으로 이동합니다.

(   )

동아, 미래엔, 아이스크림

3 다음 중 오른쪽과 같이 흙 언덕을 만들고 물을 흘려 보낼 때, 흙 언덕의 모습이 크게 변하는 경우로 옳은 것은 어느 것입니까? (   )

① 흙 언덕 아래쪽에 물을 조금 흘려 보낼 때

② 흙 언덕 위쪽에서 천천히 물을 흘려 보낼 때

③ 흙 언덕 위쪽에서 물을 많이 부어 흘려 보낼 때

④ 흙 언덕 위쪽에서 물을 한 방울씩 떨어뜨릴 때

⑤ 바닥에 구멍이 작게 뚫려 있는 종이컵으로 물을 흘려 보낼 때

7종 공통

4 다음 중 침식 작용에 대한 설명으로 옳은 것은 어느 것입니까? (   )

① 운반된 물질이 쌓이는 것이다.

② 깎인 물질을 다른 곳으로 옮기는 것이다.

③ 경사가 완만한 곳에서 활발하게 일어난다.

④ 흐르는 물이 땅에 있는 바위나 돌을 깎는 것이다.

⑤ 침식 작용에 의해서는 땅의 모습이 변하지 않는다.

5 다음은 흐르는 물에 의해 지표의 모습이 변하는 과정입니다. ㉠, ㉡에 들어갈 알맞은 말을 각각 쓰시오.

> 흐르는 물이 땅 위에 있는 바위나 돌, 흙을 깎습니다. → 깎인 지표의 물질은 흐르는 물과 함께 [㉠]. → 운반된 물질이 평평한 곳에 [㉡].

㉠ (   ) ㉡ (   )

6 다음 중 홍수가 나서 평소보다 많은 양의 물이 빠르게 땅 위를 흘러가게 될 때 나타나는 변화로 옳은 것을 두 가지 고르시오. (,   )

① 침식 작용이 더 활발하다.
② 운반 작용은 일어나지 않는다.
③ 퇴적되는 흙의 양이 더 많게 된다.
④ 땅의 모습은 거의 변하지 않게 된다.
⑤ 침식 작용과 퇴적 작용이 거의 일어나지 않는다.

[7~8] 다음은 강 주변의 모습을 나타낸 것입니다. 물음에 답하시오.

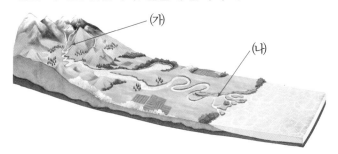

7 다음 중 위 ⑺ 지역의 특징으로 옳은 것을 두 가지 고르시오. (,   )

① 강폭이 넓다.   ② 경사가 급하다.   ③ 물살이 느리다.
④ 퇴적 작용이 활발하다.   ⑤ 침식 작용이 활발하다.

8 오른쪽과 같이 큰 바위나 모난 돌을 주로 볼 수 있는 곳에 대한 설명으로 옳은 것을 보기 에서 골라 기호를 쓰시오.

> **보기**
> ㉠ ⑺ 지역에서 주로 볼 수 있습니다.
> ㉡ ⑼ 지역에서 주로 볼 수 있습니다.
> ㉢ 퇴적 작용이 활발한 곳에서 볼 수 있습니다.

(   )

9 다음 중 강의 상류와 하류에 대한 설명으로 옳은 것은 어느 것입니까? (   )

① 강 하류는 강 상류보다 강폭이 좁다.

② 강 하류에서는 큰 바위를 많이 볼 수 있다.

③ 강 상류에서는 고운 모래를 많이 볼 수 있다.

④ 강 하류는 강 상류보다 강의 경사가 완만하다.

⑤ 강 상류는 침식 작용보다 퇴적 작용이 활발하여 흙 알갱이들이 쌓인다.

10 다음 중 강의 상류에서 많이 볼 수 있는 모습을 두 가지 고르시오. (,   )

①  ②  ③

④  ⑤

서술형·논술형 문제   7종 공통

11 다음은 강 주변의 모습입니다.

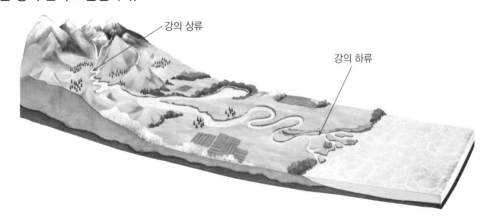

(1) 강의 상류에서 강의 하류로 가면서 강의 경사는 어떻게 달라지는지 쓰시오.

(   )

(2) 강의 상류보다 강의 하류에서 모래나 고운 흙을 많이 볼 수 있는 까닭을 쓰시오.

수행 평가

3. 땅의 변화(1)

학습 주제 흐르는 물에 의한 흙 언덕의 모습 변화 관찰하기

학습 목표 흙 언덕을 만들고 물을 흘려 보내면서 흙이 깎이는 곳과 쌓이는 곳을 관찰하고, 흐르는 물의 침식, 운반, 퇴적 작용으로 땅의 모습 변화를 설명할 수 있다.

7종 공통

1 다음은 흙 언덕을 만들고 색 모래를 뿌린 후 흙 언덕 위쪽에서 물을 흘려 보낸 모습입니다. 실험에서 흐르는 물에 의한 흙 언덕의 모습 변화를 관찰하고 ☐ 안에 알맞은 말을 쓰시오.

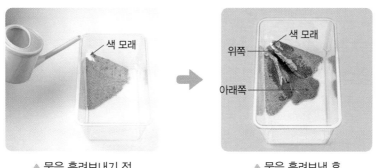

▲ 물을 흘려보내기 전   ▲ 물을 흘려보낸 후

> 흙이 많이 깎인 곳은 흙 언덕의 ❶ ☐☐☐ 이고, 흙이 많이 쌓인 곳은 흙 언덕의 ❷ ☐☐☐ 입니다.

3 단원

진도 완료
Check!

천재교과서, 동아, 비상, 아이스크림

2 다음은 비가 오기 전과 비가 온 후 땅의 모습 변화를 나타낸 것입니다. 비가 온 후에 언덕의 모습이 변한 까닭을 쓰시오.

▲ 비가 오기 전   ▲ 비가 온 후

_____

_____

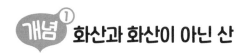 **화산과 화산이 아닌 산**

1. 화산

마그마	땅속 깊은 곳에 암석이 녹아 있는 것 → 마그마에서 기체가 빠져 나간 것을 용암이라고 합니다.
화산 활동	마그마가 땅 위로 나오는 현상
화산	화산 활동으로 만들어진 지형

> 우리나라의 한라산도 화산이야.

2. 화산과 화산이 아닌 산 비교하기
→ 화산은 화산 활동이 있거나 화산 활동의 흔적으로 분화구가 발달되어 있습니다.

구분	화산		화산이 아닌 산	
모습	▲ 백두산	▲ 킬라우에아산(미국)	▲ 설악산	▲ 에베레스트산(네팔)
특징	• 꼭대기에 움푹 파인 곳이 있음. → 분화구 • 꼭대기에서 연기와 불꽃이 올라오기도 함.		• 꼭대기에 움푹 파인 곳이 없음. • 꼭대기에서 연기와 불꽃이 올라오지 않음.	

3. 화산의 특징

> 화산은 산봉우리가 하나이지만, 화산이 아닌 산은 여러 개의 봉우리가 능선으로 이어져 있어.

① 화산은 크기와 생김새가 다양합니다.
② 화산 꼭대기에는 대부분 움푹 파인 곳이 있습니다.
③ 분화구에는 물이 고여 물웅덩이나 호수가 생기기도 합니다.
④ 현재 화산 활동이 일어나고 있는 화산의 경우 산꼭대기에서 연기와 불꽃이 올라오기도 합니다.

이런 자료도 있어요 천재교과서, 동아, 비상, 지학사

세계 여러 곳의 화산의 모습

▲ 마우나로아산(미국)　　▲ 베수비오산(이탈리아)　　▲ 후지산(일본)　　▲ 마욘산(필리핀)

➡ 공통점: 산꼭대기가 뾰족하지 않고 움푹 파여 있습니다.

개념② 화산 활동으로 나오는 물질

1. 화산 분출물

① 화산이 *분출할 때 나오는 물질입니다.

② 기체인 화산 가스, 액체인 용암, 고체인 화산재와 화산 암석 조각이 있습니다.
    └→ 주로 화산재와 함께 분출합니다.

2. 화산 분출물의 특징

화산재

알갱이의 크기가 매우 작은 돌가루임.

화산 암석 조각

크기와 모양이 다양함.

화산 가스

• 눈으로 볼 수 없음.
• 대부분 수증기이고, 여러 가지 기체가 섞여 있음.

용암

땅속에 있던 마그마가 지표로 나온 것으로 뜨거운 액체임.

화산 가스는 눈으로 볼 수 없지만 냄새가 나기도 해.

3 단원

개념③ 화산 활동 모형 만들기 → 화산 활동 모형을 만들면 실제 화산과 비슷하게 나타낼 수 있고, 화산 분출물도 다양하게 표현할 수 있습니다.

1. 화산 활동 모형과 실제 화산 활동의 공통점과 차이점

구분	공통점	차이점
화산 가스	눈에 보이지 않음. → 대부분 수증기입니다.	실제 화산 가스가 나올 때는 냄새가 나기도 함.
용암	검붉은색임.	실제 용암은 매우 뜨거움.
화산재	색깔이 뿌옇게 보임.	실제로는 화산재가 매우 멀리 날아가기도 함.

화산 활동 모형의 용암은 뜨겁지 않지만 실제 용암은 매우 뜨거워.

▲ 화산 활동 모형

용어 풀이

*분출: 화산에서 여러 가지 물질이 뿜어져 나오는 것

 개념 딱!다잡기

✦ 이런 자료도 있어요 _천재교과서, 미래엔_

화산 활동 모형실험

 실제 화산 활동이 일어날 때에는 화산 활동 모형보다 다양한 물질이 나오고 큰 소리가 나기도 해.

쿠킹 컵에 마시멜로를 넣고 식용색소 뿌리기
→ 용암을 나타내기 위해 사용합니다.

쿠킹 컵 위쪽을 오므려 화산 활동 모형 만들기

은박 접시 위에 화산 활동 모형 올리고 가열하기

• 화산 활동 모형 윗부분에서 연기가 나고 마시멜로가 녹아 윗부분에서 흘러나오며, 흘러나온 마시멜로는 시간이 지나면 굳습니다.
• 연기는 화산 가스에 해당하고 흘러나온 마시멜로는 용암에 해당합니다.
• 굳은 마시멜로는 용암이 굳어서 된 암석에 해당합니다.

실험 결과 ▶

개념④ 화산 활동으로 만들어진 암석

1. 화성암: 마그마가 식어서 만들어진 암석으로, 현무암과 화강암 등이 있습니다.
→ 현무암과 화강암은 색깔과 암석을 이루는 알갱이의 크기로 분류할 수 있습니다.

2. 화성암을 관찰하고 분류하기 실험 동영상

① 현무암과 화강암의 특징

 현무암은 제주도, 한라산, 울릉도 등에서 볼 수 있고, 화강암은 속리산, 설악산 등에서 볼 수 있어.

구분	현무암	화강암
모습		
암석의 색깔	어두움.	밝음.
알갱이의 크기	작음.	큼.
기타	표면에 구멍이 있는 것도 있고 없는 것도 있음.	대체로 밝은 바탕에 검은색 알갱이가 보임. → 반짝이는 알갱이가 있습니다.

② 현무암과 화강암이 우리 생활에 이용되는 예: 현무암으로 만든 맷돌과 돌하르방, 화강암으로 만든 첨성대, 석굴암, 학교의 계단 등이 있습니다.

3. 현무암과 화강암이 만들어지는 장소

현무암	마그마가 지표 가까이에서 빠르게 식어서 만들어짐. → 알갱이의 크기가 작습니다.
화강암	마그마가 땅속 깊은 곳에서 서서히 식어서 만들어짐. → 알갱이의 크기가 큽니다.

1 7종 공통

다음 보기 에서 화산의 특징에 대한 설명으로 옳지 <u>않은</u> 것을 골라 기호를 쓰시오.

보기

㉠ 화산의 크기와 생김새는 모두 같습니다.
㉡ 화산은 마그마가 분출하여 만들어진 지형입니다.
㉢ 화산 꼭대기에는 대부분 움푹 파인 분화구가 있습니다.

(   )

2 7종 공통

다음과 같이 화산이 분출할 때 나오는 물질에 대한 설명으로 옳지 <u>않은</u> 것은 어느 것입니까?

(   )

▲ 용암

▲ 화산 가스

▲ 화산 암석 조각

① 모두 화산 분출물이다.
② 용암은 액체 상태이다.
③ 화산 가스는 기체 상태이다.
④ 화산 암석 조각은 고체 상태이다.
⑤ 화산 가스는 대부분이 작은 돌가루이다.

3 천재교과서, 미래엔

오른쪽 화산 활동 모형을 가열할 때 나오는 물질에 대한 설명으로 옳지 <u>않은</u> 것을 보기 에서 골라 기호를 쓰시오.

보기

㉠ 연기는 실제 화산에서 화산 암석 조각에 해당합니다.
㉡ 흐르는 마시멜로는 실제 화산에서 용암에 해당합니다.
㉢ 흘러나온 마시멜로는 오랜 시간이 지나면 점점 굳습니다.

(   )

4 천재교과서

다음 중 마그마가 지표 가까이에서 빠르게 식어서 만들어진 암석을 두 가지 고르시오.

(,   )

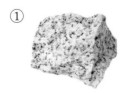
①

②

③

④

7종 공통

1 다음 중 ㉠, ㉡에 들어갈 알맞은 말을 바르게 짝 지은 것은 어느 것입니까? (   )

> 땅속 깊은 곳에 암석이 녹아 있는 것을 [㉠](이)라고 합니다. [㉠]이/가 땅 위로 나오는 현상을 화산 활동이라고 하며, 화산 활동으로 만들어진 지형을 [㉡](이)라고 합니다.

	㉠	㉡		㉠	㉡
①	용암	산	②	용암	화산
③	용암	화산재	④	마그마	화산
⑤	마그마	퇴적물			

7종 공통

2 다음 중 화산과 화산이 아닌 산에 대한 설명으로 옳지 <u>않은</u> 것은 어느 것입니까?

(   )

▲ 한라산   ▲ 설악산   ▲ 백두산

① 한라산은 화산이다.
② 설악산은 화산이 아니다.
③ 설악산에는 분화구가 있다.
④ 한라산은 산꼭대기가 움푹 파여 있다.
⑤ 백두산은 산꼭대기의 움푹 파인 곳에 물이 고여 있다.

7종 공통

3 다음 중 화산의 특징에 대한 설명으로 옳지 <u>않은</u> 것은 어느 것입니까? (   )

① 마그마가 분출한 흔적이 있다.
② 산꼭대기에 움푹 파인 곳이 없다.
③ 화산 활동으로 만들어진 지형이다.
④ 화산은 크기와 생김새가 다양하다.
⑤ 분화구에 물이 고여 물웅덩이나 호수가 생기기도 한다.

4 다음에서 설명하는 화산 분출물은 무엇인지 쓰시오.

> • 고체 상태의 화산 분출물입니다.
> • 주로 화산 가스와 함께 분출합니다.
> • 알갱이의 크기가 매우 작은 돌가루입니다.

(   )

천재교과서

5 다음 중 화산 가스에 대한 설명으로 옳지 <u>않은</u> 것은 어느 것입니까? (   )

① 기체 상태이다.
② 화산 분출물이다.
③ 눈에 보이며 크기와 모양이 다양하다.
④ 화산 가스가 나올 때 냄새가 나기도 한다.
⑤ 대부분 수증기이며 여러 가지 기체가 섞여 있다.

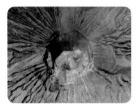

▲ 화산 가스

3
단원

천재교과서, 미래엔

6 다음 중 오른쪽과 같은 화산 활동 모형실험에서 나타나는 현상으로 옳지 <u>않은</u> 것은 어느 것입니까? (   )

① 화산 활동 모형 윗부분에서 연기가 난다.
② 윗부분에서 녹은 마시멜로가 흘러나온다.
③ 윗부분을 통해 화산재와 화산 가스가 나온다.
④ 흘러나온 마시멜로는 오랜 시간이 지나면 굳는다.
⑤ 실제 화산 활동이 일어날 때처럼 큰 소리가 나지는 않는다.

▲ 화산 활동 모형을 가열 장치로 가열하기

천재교과서, 미래엔

7 오른쪽은 위 **6**번의 화산 활동 모형실험의 결과입니다. 화산 활동 모형실험에서 나오는 물질은 실제 화산 분출물 중 무엇에 해당하는지 각각 쓰시오.

(1) 연기: (   )
(2) 흐르는 마시멜로: (   )

8 다음 보기 에서 화산 활동 모형과 실제 화산 활동의 차이점으로 옳지 <u>않은</u> 것을 골라 기호를 쓰시오.

7종 공통

┌─ 보기 ──────────────────────────────┐
│ ㉠ 실제 용암은 뜨겁지 않습니다.
│ ㉡ 화산재는 실제로 멀리 날아가기도 합니다.
│ ㉢ 실제 화산 활동에서 나오는 물질이 더 다양합니다.
└──────────────────────────────────┘

(   )

7종 공통

9 다음 중 오른쪽 화성암에 대한 설명으로 옳지 <u>않은</u> 것은 어느 것입니까?

(   )

① 밝은색을 띤다.
② 암석의 이름은 화강암이다.
③ 마그마가 식어서 만들어진 암석이다.
④ 대체로 밝은 바탕에 반짝이는 알갱이가 보인다.
⑤ 알갱이의 크기가 매우 작아 맨눈으로 구별하기 어렵다.

7종 공통

10 다음 중 오른쪽의 현무암에 대한 설명으로 옳지 <u>않은</u> 것은 어느 것입니까?

(   )

① 알갱이의 크기가 작다.
② 반짝이는 알갱이가 있다.
③ 돌하르방을 만드는 재료가 된다.
④ 화산 활동으로 만들어진 암석이다.
⑤ 표면에 구멍이 있는 것도 있고 없는 것도 있다.

서술형·논술형 문제 천재교과서, 아이스크림, 지학사

11 오른쪽은 현무암과 화강암의 모습입니다.

(1) 현무암과 화강암 중 암석을 이루는 알갱이의 크기가 작은 것을 쓰시오.

(   )

▲ 현무암   ▲ 화강암

(2) 위 (1)번과 같이 답한 까닭을 암석이 만들어지는 장소와 관련지어 쓰시오.

_____

_____

수행 평가

학습 주제 현무암과 화강암을 관찰하고 분류하기

학습 목표 현무암과 화강암을 관찰하여 특징을 비교하고, 각 암석의 알갱이의 크기를 암석이 만들어지는 장소와 관련지어 설명할 수 있다.

[1~2] 다음은 현무암과 화강암의 모습입니다.

ㄱ  ㄴ  ㄷ  ㄹ

7종 공통

1 위 암석을 현무암과 화강암으로 분류하여 각각 기호를 쓰고, 각 암석 색깔의 특징을 ☐ 안에 각각 쓰시오.

구분	암석의 분류	암석의 특징
현무암	❶ (,)	암석의 색깔이 ❷ ☐ .
화강암	❸ (,)	암석의 색깔이 ❹ ☐ .

3
단원
진도 완료
Check!

천재교과서, 아이스크림, 지학사

2 다음 ㈎와 ㈏ 중 위 ㉠ 암석이 만들어지는 곳의 기호를 쓰고, 이 암석의 알갱이의 크기를 만들어지는 장소와 관련지어 쓰시오.

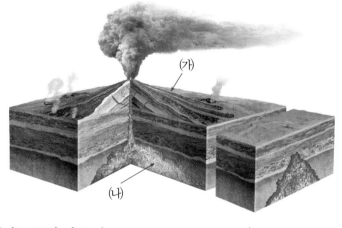

(1) 암석이 만들어지는 곳의 기호: (   )

(2) 알갱이의 크기: _____

_____

 화산 활동이 우리 생활에 미치는 영향

1. 화산 활동이 우리 생활에 미치는 영향

> 화산재가 햇빛을 가려
> 날씨 변화를 일으키기도 해.

화산 활동의 피해

▲ 용암이 흘러 산불이 발생함.

▲ 화산재가 비행기 고장을 일으키거나 운항을 중단시킴.

▲ 화산 가스 때문에 숨쉬기가 어려워짐.

화산 활동의 이로움 → 이외에도 화산 활동으로 생긴 독특한 지형은 관광지가 되기도 합니다.

▲ 화산재가 쌓인 땅이 농작물이 잘 자라는 땅으로 변함.

▲ 화산 주변의 열을 이용해 온천을 개발함.

▲ 화산 주변의 열을 이용하여 전기를 생산함. → 지열 발전

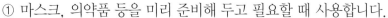
→ 화산 근처에 있는 지하수가 마그마에 의해 데워진 것입니다.

2. 화산 활동 피해 대처 방법

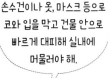
> 화산재가 떨어질 때는 손수건이나 옷, 마스크 등으로 코와 입을 막고 건물 안으로 빠르게 대피해 실내에 머물러야 해.

① 마스크, 의약품 등을 미리 준비해 두고 필요할 때 사용합니다.
② 야외에 있을 때 화산이 분출하면 용암을 피해 높은 곳으로 대피합니다.
③ 실내에서는 화산재가 떨어지기 전에 문과 창문을 닫고 젖은 수건으로 빈틈을 막습니다.
④ 화산재가 다 떨어진 뒤 주변을 청소하고 몸을 깨끗이 씻습니다.

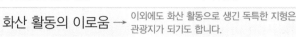 **지진이 우리에게 주는 영향**

1. 지진: 땅이 흔들리는 현상

2. 지진의 피해 사례 조사하기 → 우리나라와 세계 여러 곳에서 지진이 자주 발생하며, 여러 가지 피해를 일으킵니다.

발생 장소	발생 시기	피해 사례
인천광역시 강화군	2023년 1월 9일	그릇과 창문이 흔들림. → 우리나라도 지진의 안전지대가 아니므로 이에 대한 대비를 해야 합니다.
튀르키예	2023년 2월 6일	건물이 무너지고, 많은 사람이 사망하거나 부상을 입음.

지진의 세기

• 지진의 세기는 규모로 나타냅니다.
• 규모의 숫자가 클수록 강한 지진입니다.
• 규모가 큰 지진이 발생하면 건물이나 도로 등이 무너져 사람이 다치거나 재산 피해를 입을 수 있습니다.

지진으로 갈라진 도로 ▶

지진에 대비해 비상용품을 준비해 두고, 지진이 발생하면 화재가 날 수 있으므로 소화기를 준비하고 사용 방법을 알아둬.

3. 지진이 우리에게 주는 영향

♣지진 해일 피해

▲ 인명 피해

▲산사태

4. 지진의 피해를 줄이기 위한 대처 방법

① 집 안에 있을 때 지진이 발생한 경우

지진으로 흔들릴 때	탁자 아래로 들어가 탁자 다리를 꼭 잡고 머리와 몸을 보호함.
흔들림이 멈추었을 때	가스 밸브를 잠그고 전원을 차단한 후, 문을 열어 밖으로 나갈 수 있게 함.

② 집 안 이외의 장소에 있을 때 지진이 발생한 경우 → 대형 할인점에 있을 때는 장바구니를 이용해 넘어지거나 떨어질 물건으로부터 머리를 보호합니다.

바닷가에 있을 때	산에 있을 때	전철을 타고 있을 때

▲ 큰 파도가 발생하는 것을 피해 높은(먼) 곳으로 이동함.	▲ 산사태에 주의하고 안전한 곳으로 대피함.	▲ 손잡이나 기둥을 잡아 넘어지지 않도록 함.

학교에서 지진이 발생한 경우 책상 아래로 들어가 책상 다리를 잡고 머리와 몸을 보호해.

승강기 안에 있을 때	승강기 밖에 있을 때	건물 밖에 있을 때

▲ 모든 층의 버튼을 눌러 가장 먼저 열리는 층에서 내린 뒤 계단을 이용해 밖으로 나감.	▲ 승강기를 타지 말고 계단을 이용해야 함.	▲ 가방이나 손으로 머리를 보호하고, 건물이나 벽에서 멀리 떨어진 넓은 곳으로 대피함.

용어 풀이

*지진 해일: 바다 밑에서 지진이 발생하여 생기는 커다란 파도
*산사태: 폭우나 지진, 화산 등으로 산 중턱의 바윗돌이나 흙이 갑자기 무너져 내리는 현상

└→ 지진은 매우 짧은 시간 동안 발생하기 때문에 장소와 상황에 맞는 대처 방법에 따라 침착하게 행동하면 피해를 줄일 수 있습니다.

3
단원

창의력 기르기

❗ 그림 문자로 화산 활동과 지진의 대처 방법 알리고 실천하기

★ 함께 계획하기

1. 스마트 기기를 활용하여 우리 주변에서 볼 수 있는 그림 문자 찾아보기 예

| ▲ 비상 대피소 알림 | ▲ 손씻기 알림 | ▲ 미끄럼 주의 | ▲ 큰 파도 주의 |

2. 학교 안 장소에 있을 때 화산 활동이나 지진이 발생하면 어떻게 행동해야 하는지 생각하기

3. 화산 활동과 지진의 대처 방법 그림 문자를 붙일 학교 안 장소를 정하고, 그림 문자의 내용과 표현 방법을 정하기

① 중요한 내용만을 강조하여 간단하게 그려야 합니다.

② 누구나 빠르게 이해할 수 있도록 나타내야 합니다.

③ 화산 활동이나 지진의 대처에 도움이 되도록 해야 합니다.

★ 함께 해 보기

1. 설계한 그림 문자를 흰 종이에 그리고, 알기 쉽게 꾸미기
2. 만든 그림 문자를 소개하기 예

	화산 활동이 발생했을 때 마스크를 꼭 착용해야 한다는 뜻임. → 화산재에 의한 피해를 줄일 수 있습니다.		지진이 발생했을 때 가방 등을 이용해 머리를 보호하라는 뜻임.
	화산 활동이나 지진이 발생했을 때 당황해서 마구 뛰어나가지 말라는 뜻임.		과학실에 있을 때 지진이 발생하면 실험장이 쓰러질 수 있으므로 조심하라는 뜻임.

3. 소개한 그림 문자에 있는 상황이 실제 발생했다고 생각하고 알맞은 대처 방법 실천해 보기

★ 함께 나누기

1. 그림 문자의 잘된 점 이야기하기 예
   - 눈에 잘 보이는 색깔을 사용하여 그림 문자의 의미를 쉽게 알 수 있었습니다.
2. 그림 문자를 각각 정한 장소에 붙이고, 만든 그림 문자의 뜻과 대처 방법 알리기

1 7종 공통
다음 중 화산 활동이 우리에게 주는 피해를 골라 기호를 쓰시오.

ㄱ

▲ 화산 주변에 온천을 개발함.

ㄴ

▲ 화산 가스 때문에 숨쉬기가 어려워짐.

ㄷ

▲ 화산재가 쌓인 땅이 농작물이 잘 자라는 땅으로 변함.

(   )

2 천재교과서, 비상
다음은 화산 활동이 발생했을 때의 대처 방법입니다. ☐ 안에 들어갈 알맞은 말을 쓰시오.

> 화산재가 떨어질 때는 손수건이나 옷, ☐ 등으로 코와 입을 막고 건물 안으로 빠르게 대피합니다.

(   )

3 7종 공통
다음 중 지진의 피해로 옳지 않은 것은 어느 것입니까? (   )

① 도로가 갈라진다.
② 많은 비가 내려 홍수가 난다.
③ 물건이 흔들리거나 떨어진다.
④ 산에서 산사태가 일어날 수 있다.
⑤ 바다에서 큰 파도가 발생하기도 한다.

4 천재교과서, 아이스크림
다음 중 오른쪽과 같이 산에 있을 때 지진이 발생한 경우 대처 방법으로 옳은 것은 어느 것입니까? (   )

① 제자리에서 엎드린다.
② 가장 큰 나무 아래로 대피한다.
③ 산꼭대기까지 올라가서 대피한다.
④ 제자리에서 소리를 질러 구조를 요청한다.
⑤ 산사태에 주의하고 안전한 곳으로 대피한다.

1 7종 공통

다음 중 화산 활동이 우리 생활에 미치는 영향으로 옳지 <u>않은</u> 것은 어느 것입니까? ( )

① 용암이 흘러 산불이 발생한다.

② 화산 주변에 온천을 개발한다.

③ 화산 주변 지형을 관광지로 이용한다.

④ 화산 활동은 우리 생활에 피해만 준다.

⑤ 화산 가스 때문에 숨쉬기가 어려워진다.

2 7종 공통

다음은 화산 활동이 우리에게 주는 이로움입니다. 두 경우의 공통점으로 옳은 것은 어느 것입니까?

( )

▲ 온천 개발

▲ 지열 발전

① 용암을 이용한다.　　　　　　　② 화산재를 이용한다.

③ 화산 가스를 이용한다.　　　　　④ 화산 주변의 높은 열을 이용한다.

⑤ 화산이 분출할 때 나오는 기체를 이용한다.

3 7종 공통

우리 생활에 다음과 같은 영향을 미치는 화산 분출물은 어느 것입니까? ( )

> • 비행기 고장을 일으키거나 비행기 운항을 중단시키기도 합니다.
> • 농작물을 뒤덮어 피해를 주기도 하지만, 오랜 시간이 지나면 농작물이 잘 자라는 땅으로 변하게 합니다.

① 용암　　　　　　② 화산재　　　　　　③ 수증기

④ 화산 가스　　　　⑤ 화산 암석 조각

4 천재교과서, 비상

화산 활동이 발생했을 때 대처 방법으로 옳은 것을 보기 에서 골라 기호를 쓰시오.

> **보기**
> ㉠ 화산재가 떨어지면 가급적 실내에 머뭅니다.
> ㉡ 화산재가 떨어지면 창문을 열고 환기를 시킵니다.
> ㉢ 야외에 있을 때 화산이 분출하면 용암을 피해 바닷가 근처로 대피합니다.

( )

천재교과서

5 다음 중 화산 활동에 대비하여 평소에 준비해야 할 물건으로 알맞지 <u>않은</u> 것은 어느 것입니까?

( )

| ① | ② | ③ | ④ | ⑤ |
| ▲ 구급함 | ▲ 손전등 | ▲ 마스크 | ▲ 농구공 | ▲ 마실 물 |

천재교과서, 아이스크림, 지학사

6 다음 중 지진에 대한 설명으로 옳지 <u>않은</u> 것은 어느 것입니까? ( )

① 땅이 흔들리는 현상이다.

② 지진의 세기는 규모로 나타낸다.

③ 규모의 숫자가 작을수록 강한 지진이다.

④ 우리나라와 세계 여러 곳에서 지진이 자주 발생한다.

⑤ 지진이 발생하면 사람이나 재산에 많은 피해를 준다.

천재교과서

7 다음 지진의 피해 사례를 조사한 표를 보고 알 수 있는 내용으로 옳은 것을 보기 에서 골라 기호를 쓰시오.

발생 장소	발생 시기	피해 사례
인천광역시 강화군	2023년	그릇과 창문이 흔들림.
튀르키예	2023년	건물이 무너지고, 사람들이 사망하거나 다침.

보기
ㄱ 지진은 우리나라에서만 일어납니다.
ㄴ 지진은 여러 가지 피해를 줄 수 있습니다.
ㄷ 우리나라에는 매우 강한 지진만 일어납니다.

( )

7종 공통

8 다음 중 지진으로 인해 발생하는 피해가 <u>아닌</u> 것은 어느 것입니까? ( )

①	②	③	④

▲ 건물이 무너짐.	▲ 산사태가 발생함.	▲ 비가 옴.	▲ 사람이 다침.

9 7종 공통
다음 중 장소에 따른 지진 대처 방법으로 옳은 것을 두 가지 고르시오. (,   )

① 건물 안에 있을 때에는 무조건 밖으로 달려 나간다.

② 전철을 타고 있을 때는 비상문을 열어 탈출을 시도한다.

③ 건물 밖에 있을 때는 건물이나 벽에서 멀리 떨어진 넓은 곳으로 이동한다.

④ 바닷가에 있을 때는 큰 파도가 발생하는 것을 피해 낮은 곳으로 이동한다.

⑤ 대형 할인점에 있을 때는 장바구니를 이용해 떨어질 물건으로부터 머리를 보호한다.

10 천재교과서
오른쪽은 지진이 발생했을 때 행동 요령을 그림 문자로 나타낸 것입니다. 그림 문자가 알려 주는 내용으로 옳은 것을 보기 에서 골라 기호를 쓰시오.

보기
㉠ 당황해서 마구 뛰어나가지 않습니다.
㉡ 탁자 아래로 들어가 머리와 몸을 보호합니다.
㉢ 모든 행동을 멈추고 제자리에서 가만히 있습니다.
㉣ 승강기를 타지 말고 계단을 이용하여 밖으로 나갑니다.

(   )

11 서술형·논술형 문제 7종 공통
다음은 지진이 발생했을 때 대처 방법입니다. ㉠~㉤ 중 옳지 않은 것을 골라 기호를 쓰고, 바르게 고쳐 쓰시오.

㉠ 지진으로 흔들리는 동안에는 탁자 아래로 들어가 머리와 몸을 보호합니다. ㉡ 흔들림이 멈추면 승강기를 이용하여 1층으로 내려가고, ㉢ 건물 밖에서는 건물이나 담장으로부터 떨어져 ㉣ 운동장이나 공원 등 넓은 공간으로 대피합니다. 이후 ㉤ 재난 방송을 들으면서 올바른 정보에 따라 행동합니다.

(1) 옳지 않은 것의 기호: (   )

(2) 바르게 고쳐 쓴 내용: _____

_____

학습 주제 지진의 피해 사례를 조사하고 지진 대처 방법 탐구하기

학습 목표 지진의 피해 사례와 지진 대처 방법을 조사하여 정리하고, 대처 방법을 설명할 수 있다.

1 7종 공통

다음은 지진의 피해 사례를 조사한 것입니다. ☐ 안에 들어갈 알맞은 말을 각각 쓰시오.

	지진으로 인해 바닷가에서 큰 파도가 발생해 마을을 덮쳐 많은 사람들이 생명과 재산을 잃음.
	지진으로 인해 ❶ ☐이/가 발생하여 많은 흙과 돌이 도로를 막았음.
	지진으로 인해 도로가 ❷ ☐ 차량 통행이 어려워지고 인명 피해가 발생할 수 있음.

2 천재교과서, 동아, 비상

다음은 지진이 발생하고 흔들림이 멈추었을 때 집 안에서의 대처 방법을 나타낸 것입니다. 각각 옳은 것에 ○표를 하고, 그 다음에 해야 할 일을 한 가지 쓰시오.

(1) 가스 밸브		(2) 전원	
㉠	㉡	㉠	㉡
▲ 가스 밸브 열기	▲ 가스 밸브 잠그기	▲ 전원 끄기	▲ 전원 켜기
( )	( )	( )	( )

(3) 그 다음에 해야 할 일: _____

_____

흐르는 물의 작용

▲ 흐르는 물에 의한 흙 언덕의 변화

❶ [ ] 작용: 흐르는 물이 땅에 있는 바위나 돌, 흙을 깎는 것

❷ [ ] 작용: 깎인 물질을 다른 곳으로 옮기는 것

❸ [ ] 작용: 운반된 물질이 쌓이는 것

강 주변 지형의 특징

• 강의 상류: 강폭이 ❹ [ ] 경사가 급하며, 침식 작용이 활발함.

• 강의 하류: 강폭이 넓고 경사가 ❺ [ ] 하며, 퇴적 작용이 활발함.

화산

☑ 화산

• 꼭대기에 움푹 파인 ❻ [ ] 이/가 있고, 꼭대기에서 연기와 불꽃이 올라오기도 합니다.

☑ 화산 분출물

• 기체인 화산 가스, 액체인 ❼ [ ], ❽ [ ] 인 화산재와 화산 암석 조각이 있습니다.

▲ 화산 가스   ▲ 용암   ▲ 화산재   ▲ 화산 암석 조각

화성암의 특징

현무암		• ⑨ [ ] 색이고, 알갱이가 작음. • 마그마가 지표 가까이에서 빠르게 식어서 만들어짐.
화강암		• 밝은색이고, 알갱이가 큼. • 마그마가 땅속 깊은 곳에서 ⑩ [ ] 식어서 만들어짐.

화산 활동이 우리 생활에 미치는 영향

화산 활동의 ⑪ [ ]

용암이 산불을
일으킴.

화산재로 비행기
운항이 중단됨.

화산 활동의 ⑫ [ ]

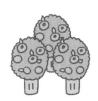

화산재가 쌓인 후 오랜 시간이
지나면 기름진 땅이 됨.

화산 주변의 열을 이용하여
온천을 개발함.

지진에 대처하는 방법

☑ ⑬ [ ] : 땅이 흔들리는 현상입니다.

☑ **지진에 대처하는 방법**

집 안	학교 안	승강기 밖	승강기 안	전철 안

탁자 아래로 들어가
몸을 보호함.

책상 아래로 들어가
몸을 보호함.

승강기를 타지 말고
⑭ [ ] 을/를 이용함.

모든 층의 버튼을 눌러
가장 먼저 열리는 층에서
내림.

손잡이나 기둥을
잡음.

3. 땅의 변화

• 배점 표시가 없는 문제는 문제당 4점입니다.

[1~3] 다음과 같이 흙 언덕을 만들고 색 모래를 뿌린 후 물을 조금씩 흘려 보내는 실험을 하였습니다. 물음에 답하시오.

색 모래

1 7종 공통
위 실험에 대한 설명으로 옳지 <u>않은</u> 것을 [보기]에서 골라 기호를 쓰시오.

[보기]
㉠ 색 모래는 흙 언덕의 아래쪽에 뿌리는 것이 좋습니다.
㉡ 색 모래의 이동으로 흙이 이동하는 방향을 쉽게 알 수 있습니다.
㉢ 흐르는 물에 의한 흙 언덕의 변화 모습을 알아보기 위한 실험입니다.

(   )

2 7종 공통
다음 중 위 실험 결과 색 모래의 변화에 대한 설명으로 옳은 것은 어느 것입니까? (   )
① 색 모래가 사라진다.
② 색 모래가 이동하지 않는다.
③ 색 모래가 흙 언덕의 위쪽에 쌓인다.
④ 색 모래가 흙 언덕의 위쪽에 그대로 있다.
⑤ 색 모래가 흙 언덕의 아래쪽으로 이동하여 쌓인다.

3 7종 공통
다음은 앞의 실험 결과 알게 된 흙 언덕의 모습이 변하는 까닭입니다. ☐ 안에 들어갈 알맞은 말을 쓰시오.

> 흙 언덕의 위쪽에서 깎인 흙이 ☐에 의해 흙 언덕의 아래쪽으로 이동하여 쌓였기 때문입니다.

(   )

[4~5] 다음은 강 주변의 모습을 나타낸 것입니다. 물음에 답하시오.

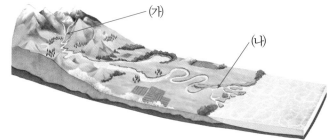
(가)
(나)

4 7종 공통
다음 중 위의 강 주변의 모습에 대한 설명으로 옳은 것은 어느 것입니까? (   )
① (가)는 (나)보다 강폭이 넓다.
② (나)는 (가)보다 강의 경사가 완만하다.
③ (가)에서는 (나)보다 물의 흐름이 느리다.
④ (나)에서는 (가)보다 물의 흐름이 빠르다.
⑤ 흐르는 물은 강 주변의 모습을 급격히 변화시킨다.

5 7종 공통
다음 중 위의 (나) 지역에서 많이 볼 수 있는 모습을 골라 기호를 쓰시오.

㉠   ㉡
▲ 큰 바위나 모난 돌이 많음.   ▲ 모래나 고운 흙이 많음.

(   )

정답 · 13쪽

점수

7종 공통

서술형·논술형 문제 7종 공통

6 다음은 강 주변에서 볼 수 있는 모습입니다. [총 12점]

ㄱ
ㄴ

(1) 위의 ㄱ과 ㄴ은 강의 상류와 강의 하류 중 어느 곳의 모습인지 각각 쓰시오. [4점]

ㄱ (   )

ㄴ (   )

(2) 위의 ㄱ과 ㄴ에서 활발하게 일어나는 흐르는 물의 작용을 각각 쓰시오. [8점]

_____

_____

7 7종 공통

다음 중 화산이나 화산 활동과 관련된 설명으로 옳지 않은 것은 어느 것입니까? (   )

① 화산은 화산 활동으로 만들어진 지형이다.
② 화산 활동은 마그마가 땅 위로 나오는 현상이다.
③ 분화구는 화산 꼭대기에 있는 움푹 파인 곳이다.
④ 마그마는 땅속 깊은 곳에 암석이 녹아 있는 것이다.
⑤ 용암은 눈으로 볼 수 없으며 여러 가지 기체가 섞여 있는 물질이다.

8 7종 공통

다음 중 화산인 것을 두 가지 고르시오.

(,   )

①
▲ 설악산

②
▲ 한라산

③
▲ 후지산

④
▲ 에베레스트산

9 7종 공통

다음 중 화산에 대한 설명으로 옳은 것은 어느 것입니까?

(   )

① 우리나라에서는 볼 수 없다.
② 지진으로 만들어진 지형이다.
③ 산꼭대기에 움푹 파인 곳이 없다.
④ 여러 개의 봉우리가 능선으로 이어져 있다.
⑤ 분화구에 물이 고여 물웅덩이나 호수가 생기기도 한다.

10 7종 공통

다음 설명에 해당하는 화산 분출물은 어느 것입니까?

(   )

• 눈으로 볼 수 없습니다.
• 대부분 수증기로 되어 있고, 여러 가지 기체가 섞여 있습니다.

① 용암
② 마그마
③ 화산재
④ 화산 가스
⑤ 화산 암석 조각

3
단원

11 다음은 화산이 분출하는 모습입니다. ㉠~㉢에 해당하는 화산 분출물을 바르게 짝 지은 것은 어느 것입니까?
( )

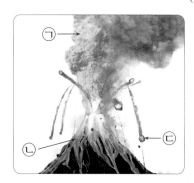

	㉠	㉡	㉢
①	용암	화산재	화산 암석 조각
②	용암	화산 암석 조각	화산재
③	화산재	용암	화산 암석 조각
④	화산재	화산 암석 조각	용암
⑤	화산 암석 조각	화산재	용암

서술형·논술형 문제 천재교과서

12 다음 화산 활동 모형의 용암과 실제 용암의 공통점과 차이점을 한 가지씩 쓰시오. [총 12점]

▲ 화산 활동 모형   ▲ 실제 용암

(1) 공통점
   [6점] _____
   _____

(2) 차이점
   [6점] _____
   _____

13 다음 설명에 해당하는 암석을 두 가지 고르시오.
(,)

• 암석의 색깔이 어둡습니다.
• 마그마가 지표 가까이에서 빠르게 식어서 만들어져 알갱이의 크기가 작습니다.

①    ②

③    ④

천재교과서

14 다음은 현무암과 화강암 중 각각 어떤 암석으로 만들어졌는지 쓰시오.

(1)    (2)

▲ 돌하르방   ▲ 암석으로 만든 계단

( )   ( )

15 다음은 화산 활동이 우리 생활에 주는 피해를 나타낸 것입니다. ㉠, ㉡에 들어갈 알맞은 화산 분출물을 각각 쓰시오.

(1)    (2)

▲ ㉠ 이/가 흘러 산불이 발생함.   ▲ ㉡ (으)로 비행기 운항이 중단됨.

㉠ ( )
㉡ ( )

16 천재교과서, 비상

다음 중 화산 활동이 발생했을 때 대처 방법으로 옳지 <u>않은</u> 것은 어느 것입니까? (   )

① 창문을 열어 환기를 시킨다.

② 마스크, 의약품 등을 미리 준비해 둔다.

③ 화산재가 날리면 가급적 실내에 머무른다.

④ 실외에 있을 경우 마스크나 손수건 등으로 코와 입을 막는다.

⑤ 야외에 있을 때 화산이 분출하면 용암을 피해 높은 곳으로 대피한다.

17 7종 공통

다음 중 지진이 우리에게 주는 피해에 대한 설명으로 옳지 <u>않은</u> 것은 어느 것입니까? (   )

① 산사태가 일어날 수 있다.

② 물건이 흔들리거나 떨어진다.

③ 도로가 갈라지거나 건물이 무너진다.

④ 사람이나 재산에는 피해를 주지 않는다.

⑤ 바다에서는 큰 파도가 발생하기도 한다.

18 7종 공통

다음 보기 에서 집 안에 있을 때 지진이 발생했을 경우 대처 방법으로 옳지 <u>않은</u> 것을 골라 기호를 쓰시오.

보기
ㄱ 지진으로 흔들릴 때는 탁자 아래로 들어가 몸을 보호합니다.

ㄴ 흔들림이 멈추면 가스 밸브를 잠그고 문을 열어 출구를 확보합니다.

ㄷ 계단 대신 승강기를 이용해 1층으로 내려간 후, 운동장이나 공원 등 넓은 곳으로 대피합니다.

(   )

19 7종 공통

다음 중 장소별 지진 대처 방법으로 옳지 <u>않은</u> 것은 어느 것입니까? (   )

① 산에 있을 때

▲ 산사태에 주의하고 안전한 곳으로 대피함.

② 바닷가에 있을 때

▲ 큰 파도가 발생하는 것을 피해 높은 곳으로 이동함.

③ 건물 밖에 있을 때

▲ 머리를 보호하고 건물 벽에 붙어서 이동함.

④ 전철을 타고 있을 때

▲ 손잡이나 기둥을 잡아 넘어지지 않도록 함.

3 단원
진도 완료
Check!

20 서술형·논술형 문제   7종 공통

다음과 같이 학교에 있을 때 지진이 발생한 경우 대처 방법을 한 가지 쓰시오. [8점]

_____

_____

재미있는 과학 이야기

지진과 화산 활동이 자주 발생하는 곳이 있다고?

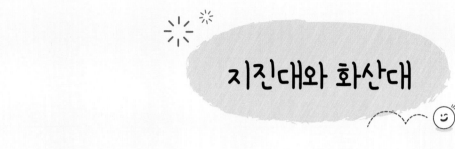

지진대와 화산대

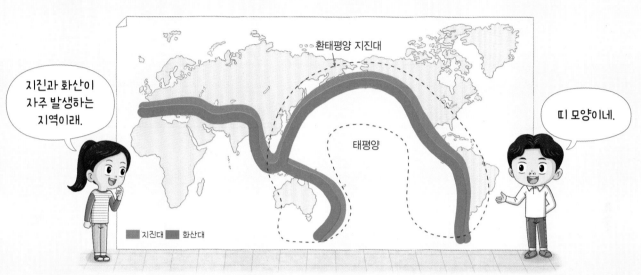

전 세계 곳곳에서는 작은 지진부터 큰 지진까지 많은 지진이 발생하고 있어요. 그중 특히 지진 발생이 많은 지역을 연결하면 띠 모양을 이루는데, 이 지역을 지진대라고 해요. 한편, 전 세계의 화산을 지도상에 표시하면 역시 띠 모양을 이루는데, 이것을 화산대라고 해요.

지진대와 화산대를 세계 지도에 나타내 보면 거의 비슷하게 겹쳐 있어요. 그 까닭은 지진과 화산 활동이 모두 지구 내부에서 힘을 받을 때 지각이 약해진 틈에서 발생하기 때문이에요.

환태평양 지진대는 태평양을 둘러싸고 있는 대륙의 가장자리와 섬 등을 따라 고리 모양으로 분포하며 전 세계 지진의 80% 이상이 발생하는 곳으로, '불의 고리'라고 불러요.

4

다양한 생물과
우리 생활

배울 내용

1. 버섯이 자라는 환경 /
   버섯과 곰팡이의 특징

2. 해캄과 짚신벌레의 특징 /
   세균의 특징

3. 다양한 생물이 우리에게 미치는
   영향 / 생명과학 이용 사례

개념❶ 버섯이 자라는 환경

1. 버섯이 자라는 환경 알아보기

① 물을 준 *버섯 배지와 물을 주지 않은 버섯 배지 관찰하기

과정

1 한쪽 버섯 배지는 그대로 두고, 다른 쪽 버섯 배지에만 물을 주기

2 일주일 동안 맨눈과 돋보기로 버섯 배지를 관찰하기

버섯은 물이 충분한 곳, 습한 곳, 축축한 곳에서 잘 자라.

결과

물을 준 버섯 배지	물을 주지 않은 버섯 배지
버섯이 자람.	버섯이 자라지 않음.

알게 된 점

• 버섯은 물이 충분한 곳에서 잘 자랍니다.

들이나 숲에는 다양한 종류의 버섯이 있어.

요점 **2. 버섯이 잘 자라는 환경**

① 대부분의 버섯은 따뜻하고 그늘지며 습한 곳에서 잘 자랍니다.
② 동물의 *배출물에서 자라는 버섯도 있습니다.　→ 축축한 곳
③ 썩은 나무나 낙엽이 많은 땅에서 쉽게 볼 수 있습니다.

용어 풀이

*버섯 배지: 버섯을 기를 수 있게 만든 것
*배출물: 동물이 먹은 음식을 소화하거나 흡수하지 못하고 내보낸 것

▲ 배출물에서 자란 버섯

→ 느타리버섯입니다.

▲ 썩은 나무에서 자란 버섯

←──── 양분이 있는 곳 ────←

1. 버섯 관찰하기

① 칼로 자른 버섯을 맨눈과 돋보기로 관찰한 결과

※ 맨눈으로 자르지 않은 버섯 관찰
• 버섯의 윗부분은 둥글고, 납작합니다.
• 버섯의 바깥쪽은 갈색입니다.
• 우산을 펼친 모습과 비슷합니다.

▲ 칼로 자른 버섯

맨눈	• 단면은 매끈하고 흰색임. • 아랫부분은 길쭉함.
돋보기	• 단면은 옷감이나 솜 표면처럼 보임. • 단면은 흰색이며, 윗부분 안쪽에는 주름이 많음.

② 디지털 현미경 각 부분의 이름과 하는 일

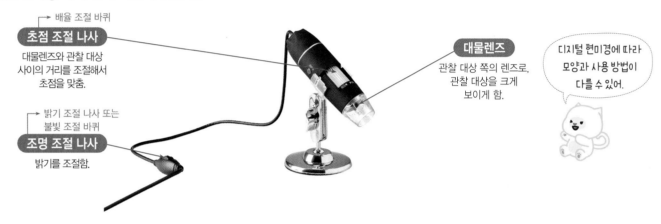

→ 배율 조절 바퀴
초점 조절 나사
대물렌즈와 관찰 대상 사이의 거리를 조절해서 초점을 맞춤.

→ 밝기 조절 나사 또는 불빛 조절 바퀴
조명 조절 나사
밝기를 조절함.

대물렌즈
관찰 대상 쪽의 렌즈로, 관찰 대상을 크게 보이게 함.

디지털 현미경에 따라 모양과 사용 방법이 다를 수 있어.

→ 칼로 자른 버섯을 디지털 현미경으로 관찰하면 윗부분 안쪽에는 주름이 많고 깊게 파여 있습니다.

③ 셀로판테이프를 활용하여 칼로 자른 버섯의 겉면을 떼어 내 디지털 현미경으로 관찰하기

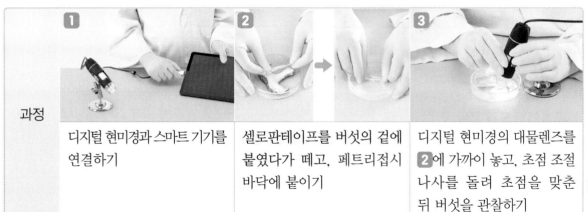

과정	**1** 디지털 현미경과 스마트 기기를 연결하기	**2** 셀로판테이프를 버섯의 겉에 붙였다가 떼고, 페트리접시 바닥에 붙이기	**3** 디지털 현미경의 대물렌즈를 **2** 에 가까이 놓고, 초점 조절 나사를 돌려 초점을 맞춘 뒤 버섯을 관찰하기
결과	확대한 버섯	• 단면에는 실처럼 가늘고 긴 것이 엉켜 있음.	

버섯은 실체 현미경으로도 관찰할 수 있어.

4
단원

2. 곰팡이 관찰하기

실험 동영상

① 빵에 자란 곰팡이를 맨눈과 돋보기로 관찰한 결과

▲ 빵에 자란 곰팡이

맨눈	• 식빵 표면에 색깔이 다른 부분이 있음. • 정확한 모습을 관찰하기 어려움.
돋보기	• 가느다란 실 같은 모양이 보임. • 작은 가루나 알갱이가 보임. → 가는 실 끝부분에 검은 점이 보입니다.

② 빵에 자란 곰팡이를 디지털 현미경으로 관찰한 결과

곰팡이는 실체 현미경으로도 관찰할 수 있어.

확대한 곰팡이

• 실처럼 가늘고 긴 선들이 엉켜 있음.
• 작고 둥근 알갱이가 많이 보임.

✦이런 실험도 있어요   천재교과서

버섯을 스마트 기기용 디지털 현미경으로 관찰하기

1️⃣ 스마트 기기용 디지털 현미경을 스마트 기기의 카메라 부분에 고정하기

2️⃣ 셀로판테이프를 버섯 겉면에 붙였다가 떼어낸 뒤, 페트리접시 바닥에 붙여 표본 만들기

3️⃣ 관찰 대상이 선명하게 보일 때 사진을 찍기

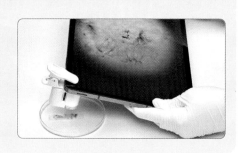

3. 균류의 특징과 사는 곳

균류가 만든 포자에서 새로운 균류가 자라고, 포자는 작고 가벼워 멀리 날아가.

용어 풀이

✱**포자**: 버섯과 곰팡이 같은 생물이 자손을 남기기 위해 만드는 것

① 버섯과 곰팡이를 현미경으로 관찰했을 때 공통점: 실이 엉켜 있는 모양이 보입니다.

② 균류: 버섯, 곰팡이와 같이 가늘고 긴 실 모양의 균사로 이루어진 생물입니다.

③ 대부분은 따뜻하고 그늘지며 습한 곳에서 잘 자랍니다.

④ 스스로 양분을 만들지 못해 죽은 생물이나 다른 생물에서 양분을 얻어 살아갑니다.   → 양분이 있는 곳

⑤ ✱포자를 만들어 자손을 퍼뜨립니다.

→ 균류는 죽은 생물을 자연으로 되돌리는 중요한 역할을 합니다.

포자

균사

포자

균사

▲ 균류의 균사와 포자

천재교과서
1 다음은 물을 준 버섯 배지와 물을 주지 않은 버섯 배지를 관찰한 결과입니다. ☐ 안에 들어갈 알맞은 말을 쓰시오.

▲ 물을 준 버섯 배지

▲ 물을 주지 않은 버섯 배지

> 버섯은 ☐이/가 충분한 곳, 습한 곳에서 잘 자랍니다.

(   )

천재교과서
2 다음 중 버섯과 곰팡이를 디지털 현미경으로 관찰한 모습으로 옳지 <u>않은</u> 것은 어느 것입니까?

(   )

① 곰팡이는 작고 둥근 알갱이가 있다.
② 곰팡이는 뿌리, 줄기, 잎으로 구분된다.
③ 칼로 자른 버섯은 윗부분 안쪽에 주름이 많이 있다.
④ 버섯의 단면에는 실처럼 가늘고 긴 것이 엉켜 있다.
⑤ 곰팡이를 관찰하면 실처럼 가늘고 긴 선들이 엉켜 있다.

7종 공통
3 다음 중 대부분의 균류가 사는 환경에 대한 설명으로 옳은 것은 어느 것입니까? (   )

① 물속에서만 산다.
② 생물의 몸에서만 산다.
③ 추운 곳에서 잘 자란다.
④ 햇빛이 비치고 건조한 곳에서 잘 자란다.
⑤ 죽은 생물과 같이 양분이 있는 곳에서 살아간다.

7종 공통
4 다음은 버섯과 곰팡이에 대한 설명입니다. ㉠, ㉡에 들어갈 알맞은 말을 각각 쓰시오.

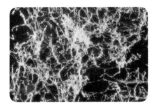

▲ 확대한 버섯

▲ 확대한 곰팡이

> 버섯, 곰팡이와 같이 가늘고 긴 실 모양의 ㉠(으)로 이루어진 생물을 ㉡(이)라고 합니다.

㉠ (   ) ㉡ (   )

4. 다양한 생물과 우리 생활(1)

천재교과서

1 다음과 같이 물 조건을 다르게 하고 일주일 동안 버섯 배지를 관찰한 뒤 알게 된 점에 대해 바르게 말한 친구의 이름을 쓰시오.

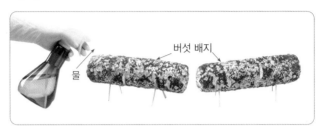

> 준서: 물을 주지 않은 버섯 배지에서 먼저 버섯이 자라.
> 민주: 물 조건에 상관없이 두 버섯 배지에서 모두 버섯이 잘 자라.
> 지율: 물을 준 버섯 배지에서 버섯이 자라는 것으로 보아 버섯이 자라려면 물이 필요해.

( )

천재교과서

2 다음 중 대부분의 버섯이 잘 자라는 환경으로 옳은 것을 두 가지 고르시오. (,)

① 건조한 곳   ② 햇빛만 비치는 곳

③ 따뜻하고 습한 환경   ④ 온도가 낮고 물이 없는 환경

⑤ 동물의 배출물과 같이 양분이 있는 곳

7종 공통

3 다음 중 버섯을 맨눈과 돋보기로 관찰한 결과로 옳지 <u>않은</u> 것은 어느 것입니까? ( )

① 아랫부분은 길쭉하다.

② 단면은 매끈하고 흰색이다.

③ 작은 가루나 알갱이가 보인다.

④ 윗부분 안쪽에는 주름이 많다.

⑤ 자르지 않은 버섯의 윗부분은 둥글다.

▲ 버섯

천재교과서, 비상

4 오른쪽 디지털 현미경의 ㉠~㉢ 중 대물렌즈와 관찰 대상 사이의 거리를 조절해서 초점을 맞출 때 사용하는 부분의 기호와 이름을 순서대로 각각 쓰시오.

(,)

천재교과서

5 다음은 디지털 현미경으로 칼로 자른 버섯을 관찰하는 과정입니다. ㉠, ㉡에 들어갈 알맞은 말을 바르게 짝 지은 것은 어느 것입니까? (   )

> **1** 디지털 현미경과 스마트 기기를 연결합니다.
> **2** 셀로판테이프를 버섯의 겉에 붙였다가 떼고, 페트리접시 바닥에 붙입니다.
> **3** 디지털 현미경의 [㉠]을/를 버섯이 붙어 있는 셀로판테이프에 가까이 놓습니다.
> **4** [㉡]을/를 돌려 초점을 맞춘 뒤, 버섯을 관찰합니다.

	㉠	㉡		㉠	㉡
①	접안렌즈	회전판	②	접안렌즈	대물렌즈
③	재물대	조명 조절 나사	④	대물렌즈	초점 조절 나사
⑤	조명 조절 나사	초점 조절 나사			

7종 공통

6 다음 중 오른쪽 빵에 자란 곰팡이를 맨눈과 돋보기로 관찰한 결과로 옳지 않은 것을 두 가지 고르시오. (,   )

① 투명하다.
② 작은 알갱이가 보인다.
③ 가느다란 실 같은 모양이 보인다.
④ 표면에 색깔이 다른 부분이 있다.
⑤ 둥글고 납작하며 우산을 펼친 모양이다.

▲ 곰팡이

천재교과서, 비상, 지학사

7 다음 버섯과 곰팡이를 디지털 현미경으로 관찰한 내용으로 옳은 것을 [보기]에서 골라 기호를 쓰시오.

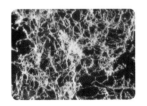
▲ 확대한 버섯

▲ 확대한 곰팡이

> **보기**
> ㉠ 버섯은 작고 둥근 알갱이가 많이 보입니다.
> ㉡ 곰팡이는 주름이 많고 깊게 파여 있습니다.
> ㉢ 버섯과 곰팡이는 가늘고 긴 실이 엉켜 있는 모양이 보입니다.

(   )

7종 공통

8 다음은 균류에 대한 설명입니다. ☐ 안에 들어갈 알맞은 말을 쓰시오.

> • 버섯, 곰팡이와 같은 생물을 균류라고 합니다.
> • 균류는 가늘고 긴 실 모양의 [   ](으)로 이루어져 있습니다.

(   )

4 단원

천재교과서, 동아, 비상, 아이스크림, 지학사

9 다음 중 곰팡이와 버섯에 대한 설명으로 옳지 <u>않은</u> 것은 어느 것입니까? (   )

▲ 곰팡이

▲ 버섯

① 생물이다.

② 한해살이식물이다.

③ 스스로 양분을 만들지 못한다.

④ 포자를 만들어 자손을 퍼뜨린다.

⑤ 죽은 생물을 자연으로 되돌리는 역할을 한다.

7종 공통

10 다음 보기 에서 대부분의 균류가 잘 자라는 환경에 대한 설명으로 옳은 것을 두 가지 골라 기호를 쓰시오.

보기
ㄱ 균류는 추운 곳에서 잘 자랍니다.
ㄴ 균류는 건조한 환경에서 잘 자랍니다.
ㄷ 균류는 그늘지고 습한 환경에서 잘 자랍니다.
ㄹ 균류는 죽은 생물과 같이 양분이 있는 곳에서 잘 자랍니다.

(,   )

서술형·논술형 문제   천재교과서, 동아, 비상, 아이스크림, 지학사

11 다음은 곰팡이의 구조를 나타낸 것입니다.

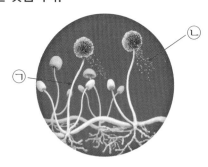

(1) 위 ㉠과 ㉡을 무엇이라고 하는지 각각 쓰시오.

㉠ (   ) ㉡ (   )

(2) 위 (1)번의 답과 관련된 곰팡이의 특징을 쓰시오.

_____

_____

4. 다양한 생물과 우리 생활(1)

학습 주제 디지털 현미경으로 버섯과 곰팡이를 관찰하고 특징 알아보기

학습 목표 디지털 현미경으로 버섯과 곰팡이를 관찰하고, 버섯과 곰팡이의 특징과 사는 곳을 설명할 수 있다.

[1~3] 다음은 버섯과 곰팡이를 디지털 현미경으로 관찰하는 모습입니다.

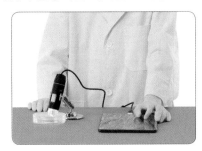

▲ 셀로판테이프로 버섯의 겉면을 떼어 내 디지털 현미경으로 관찰하기

▲ 빵에 자란 곰팡이를 디지털 현미경으로 관찰하기

천재교과서

1 다음 중 곰팡이를 디지털 현미경으로 관찰한 결과는 어느 것인지 기호를 쓰시오.

㉠ 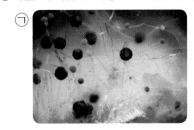   ㉡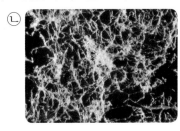

(   )

7종 공통

2 다음은 위 버섯과 곰팡이의 관찰 결과를 정리한 것입니다. ☐ 안에 알맞은 말을 각각 쓰시오.

버섯	곰팡이
• 단면에는 실처럼 ❶ [ ] 긴 것이 엉켜 있음.	• 실처럼 가늘고 긴 선들이 엉켜 있음. • 작고 둥근 ❷ [ ]이/가 많이 보임.

공통점: 가늘고 긴 실 모양의 ❸ [   ](으)로 이루어져 있습니다.

7종 공통

3 위 버섯과 곰팡이의 사는 곳을 쓰시오.

_____

_____

4
단원

진도 완료
Check!

해캄과 짚신벌레의 특징 / 세균의 특징

 개념 1 해캄과 짚신벌레의 특징

1. 해캄과 짚신벌레 관찰하기

① 해캄과 짚신벌레를 맨눈과 돋보기로 관찰한 결과

※ 해캄과 짚신벌레 관찰
• 해캄: 물속에 담긴 해캄 또는 해캄 영구표본
• 짚신벌레: 살아 있는 짚신벌레 또는 짚신벌레 영구표본

해캄은 맨눈으로
관찰할 수 있어.

구분	해캄	짚신벌레
맨눈	초록색의 가늘고 긴 실이 뭉쳐 있는 것처럼 보임.	보이는 것이 없음.
돋보기	초록색의 가늘고 긴 가닥이 뭉쳐 있는 것처럼 보임.	움직이는 <u>작은 점</u>들이 보임.

→ 살아 있는 짚신벌레를 관찰한 것입니다.

→ 영구표본으로 보면 파란색 점, 붉은색 점 같은 것이 여러 개 보입니다.

 ② 실체 현미경 각 부분의 구조와 사용법

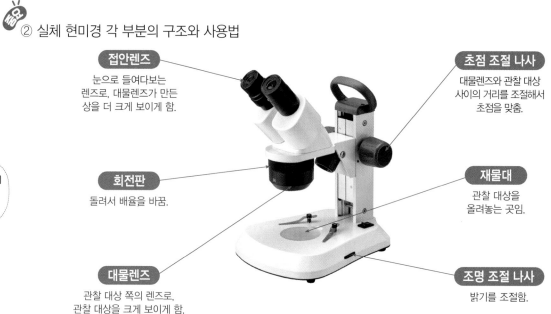

접안렌즈
눈으로 들여다보는 렌즈로, 대물렌즈가 만든 상을 더 크게 보이게 함.

초점 조절 나사
대물렌즈와 관찰 대상 사이의 거리를 조절해서 초점을 맞춤.

회전판
돌려서 배율을 바꿈.

재물대
관찰 대상을 올려놓는 곳임.

대물렌즈
관찰 대상 쪽의 렌즈로, 관찰 대상을 크게 보이게 함.

조명 조절 나사
밝기를 조절함.

실제 현미경 각 부분의
이름과 하는 일을
살펴 봐.

● 사용법

1 회전판을 돌려 대물렌즈의 배율을 가장 낮게 하고, 관찰 대상을 재물대 위에 올려놓기
2 전원을 켜고 조명 조절 나사로 빛의 밝기를 조절하기
3 옆에서 보면서 초점 조절 나사를 돌려 대물렌즈를 관찰 대상에 최대한 가깝게 내리기
4 접안렌즈로 관찰 대상을 보면서 대물렌즈를 천천히 올려 관찰 대상이 뚜렷하게 보이도록 초점 맞추기
5 더 자세히 보려면 회전판을 돌려 대물렌즈의 배율을 높인 뒤, 초점 조절 나사로 초점을 다시 맞추고 관찰하기

③ 해캄과 짚신벌레를 실체 현미경으로 관찰한 결과와 특징

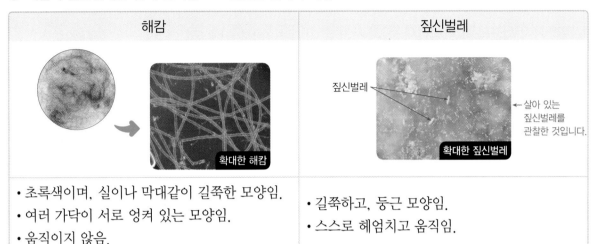

해캄	짚신벌레
• 초록색이며, 실이나 막대같이 길쭉한 모양임. • 여러 가닥이 서로 엉켜 있는 모양임. • 움직이지 않음.	• 길쭉하고, 둥근 모양임. • 스스로 헤엄치고 움직임.

짚신벌레 ← 살아 있는 짚신벌레를 관찰한 것입니다.

특징
• 가늘고 긴 초록색의 실이 엉켜 있는 모양이고, 움직이지 않음.
• 식물과 달리 뿌리, 줄기, 잎이 없음.
└→ 스스로 양분을 만듭니다.

특징
• 길쭉하고 둥근 모양이고, 움직임.
• 동물과 다른 모습을 하고 있고, 맨눈으로 볼 수 없을 정도로 크기가 작음.
└→ 영구표본으로 보면 속에 색이 진한 점 같은 것이 보입니다.

해캄과 짚신벌레는 디지털 현미경으로도 관찰할 수 있어.

2. 원생생물의 특징과 사는 곳

① 원생생물: 해캄, 짚신벌레처럼 동물, 식물, 균류, 세균으로 분류되지 않는 생물입니다.
② 연못, 강, 바다 등 물이 있는 곳에서 삽니다. → 물살이 느린 강물 등 물속에 삽니다.
③ 동물이나 식물보다 생김새가 단순하며, 동물의 먹이가 되기도 합니다.
④ 대부분 물에 사는데 생김새, 크기, 생활 방식은 매우 다양합니다.
⑤ 원생생물의 종류는 다양합니다.

원생생물 중 미역과 파래는 바다에 살아.

▲ 해캄   ▲ 짚신벌레   ▲ 아메바   ▲ 돌말
▲ 종벌레   ▲ 유글레나   ▲ 미역   ▲ 파래

▲ 다양한 원생생물

4
단원

개념 2 세균의 특징

1. 여러 가지 세균의 특징(생김새 등)과 사는 곳

→ 세균의 생김새는 공 모양, 막대 모양, 나선 모양 등 다양합니다.
세균은 종류가 많습니다.

'포도알균'이라고 ←
부르기도 합니다.

오른쪽 세균들은
현미경으로 확대한
모습이야.

포도상 구균	고초균 	대장균 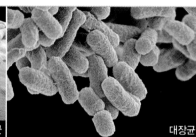
• 공 모양이며, 둥근 알갱이가 포도처럼 뭉쳐 있음. • 공기, 음식물, 피부에 삶.	• 막대 모양이며, 길쭉함. • 마른 풀에 삶.	• 막대 모양이며, 길쭉함. • 대장의 안쪽, 물속에 삶.
콜레라균 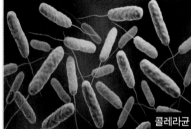	위 나선균 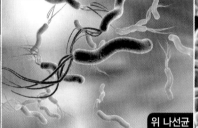	연쇄상 구균 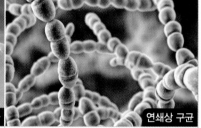
• 막대 모양이며, *편모가 있음. • 공기, 오염된 물에 삶.	• 나선 모양이며, 편모가 있음. • 위의 안쪽에 삶.	• 공 모양이며, 둥근 알갱이가 줄지어 붙어 있음. • 피부에 삶.

★이런 자료도 있어요
천재교과서, 지학사 / 비상

충치균

• 공 모양처럼 생긴 알갱이가 여러 개 연결되어 길쭉한 모양임.
• 사람의 입속, 장속에 삶.

젖산균

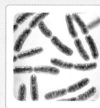

• 길쭉한 막대 모양이고, 여러 개가 연결된 것도 있음.
• 사람이나 동물의 장에 삶.

세균은 눈에
보이지 않아.

2. 세균의 특징과 사는 곳

① 균류나 원생생물보다 크기가 매우 작아 맨눈으로 볼 수 없는 생물입니다.
② 생김새: 공 모양, 막대 모양, 나선 모양 등이 있고, 편모가 있는 세균도 있습니다. 균류나 원생생물보다 생김새가 단순합니다.
③ 사는 곳: 공기, 흙, 물, 물체의 표면, 사람이나 생물의 몸 등 양분이 있는 곳이면 우리 주변 어디에나 삽니다.
④ <u>양분이 많고 온도가 알맞으면</u> 짧은 시간에 많은 수로 늘어납니다.
　　└→ 알맞은 조건

용어 풀이

*편모: 세균의 표면에 있는 채찍 모양의 털

1 천재교과서, 동아

다음 중 해캄과 짚신벌레의 특징에 대해 잘못 말한 친구의 이름을 쓰시오.

> 진아: 해캄은 스스로 양분을 만들어.
> 해영: 해캄은 움직이지 않고, 짚신벌레는 움직여.
> 영준: 짚신벌레는 가늘고 긴 초록색의 실이 엉켜 있어.

( )

2 7종 공통

다음 중 원생생물에 대한 설명으로 옳은 것을 두 가지 고르시오. (,)

① 우리 주변 어디에나 산다.
② 식물처럼 뿌리, 줄기, 잎이 있다.
③ 따뜻하고 그늘지며 습한 곳에서 산다.
④ 동물, 식물, 균류, 세균으로 분류되지 않는다.
⑤ 종류로는 아메바, 돌말, 미역, 파래 등이 있다.

3 7종 공통

다음 중 세균에 속하는 것은 어느 것입니까? ( )

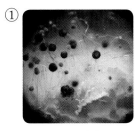
▲ 곰팡이

▲ 대장균

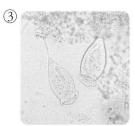
▲ 종벌레

▲ 파래

4 7종 공통

다음은 세균에 대한 설명입니다. ☐ 안에 들어갈 알맞은 말을 쓰시오.

> • 양분이 있는 곳이면 우리 주변 어디에나 삽니다.
> • 균류나 원생생물보다 크기가 매우 ☐ 맨눈으로 볼 수 없는 생물입니다.

( )

올리기

4. 다양한 생물과 우리 생활(2)

1 <small>7종 공통</small>
다음은 해캄과 짚신벌레 중 어떤 생물을 맨눈과 돋보기로 관찰한 결과입니다. 어떤 생물의 특징인지 쓰시오.

> • 살아 있는 것으로 관찰하면 물속에 움직이는 작은 점들이 보입니다.
> • 영구표본으로 관찰하면 파란색 점, 붉은색 점 같은 것이 여러 개 보입니다.

(   )

2 <small>천재교과서</small>
다음은 실체 현미경의 사용법입니다. ㉠~㉢에 들어갈 알맞은 말을 각각 쓰시오.

> **1** 회전판을 돌려 대물렌즈의 배율을 가장 낮게 하고, 관찰 대상을 재물대 위에 올립니다.
> **2** 전원을 켜고 ㉠ (으)로 빛의 밝기를 조절합니다.
> **3** 옆에서 보면서 ㉡ 을/를 돌려 대물렌즈를 관찰 대상에 최대한 가깝게 내립니다.
> **4** 접안렌즈로 관찰 대상을 보면서 대물렌즈를 천천히 올려 관찰 대상이 뚜렷하게 보이도록 초점을 맞춥니다.
> **5** 더 자세히 보려면 ㉢ 을/를 돌려 대물렌즈의 배율을 높인 뒤, 초점 조절 나사로 초점을 다시 맞추고 관찰합니다.

㉠ (   ) ㉡ (   ) ㉢ (   )

3 <small>천재교과서</small>
다음 중 짚신벌레에 대한 설명으로 옳지 <u>않은</u> 것은 어느 것입니까?

(   )

① 길쭉하고 둥근 모양이다.
② 스스로 헤엄치고 움직인다.
③ 맨눈으로 볼 수 없을 정도로 크기가 작다.
④ 동물, 식물, 균류, 세균으로 분류되지 않는다.
⑤ 공 모양, 막대 모양, 나선 모양으로 생김새가 다양하다.

4 <small>천재교과서, 동아</small>
다음 중 해캄에 대한 설명으로 옳지 <u>않은</u> 것은 어느 것입니까? (   )

① 움직이지 않는다.
② 스스로 양분을 만든다.
③ 몸이 균사로 이루어져 있다.
④ 식물과 달리 뿌리, 줄기, 잎이 없다.
⑤ 초록색의 가늘고 긴 실이 엉켜 있는 모양이다.

천재교과서, 비상, 지학사

5 다음 중 원생생물을 두 가지 고르시오. (　　,　　)

①
▲ 붕어

②
▲ 파래

③
▲ 버섯

④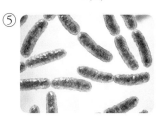
▲ 아메바

⑤
▲ 젖산균

[6~7] 다음은 여러 가지 세균의 모습입니다. 물음에 답하시오.

ㄱ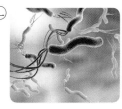
▲ 대장균

ㄴ
▲ 위 나선균

ㄷ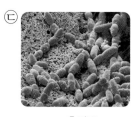
▲ 충치균

ㄹ
▲ 콜레라균

천재교과서, 지학사

6 위 ㉠~㉣ 중 공 모양처럼 생긴 알갱이가 여러 개 연결되어 길쭉한 모양인 세균을 골라 기호를 쓰시오.

(　　　　　　　　)

천재교과서, 지학사

7 다음 중 ㉠~㉣의 세균에 대한 설명으로 옳은 것을 두 가지 고르시오. (　　,　　)

① ㉠은 나선 모양이다.
② ㉡과 ㉣은 같은 장소에서 산다.
③ ㉢은 공기, 음식물, 피부에서만 산다.
④ ㉡과 ㉣의 생김새를 보면 편모가 있다.
⑤ 모두 크기가 작아 맨눈으로 볼 수 없는 생물이다.

7종 공통

8 다음 중 원생생물과 세균이 사는 환경에 대한 설명으로 옳지 <u>않은</u> 것은 어느 것입니까? (　　　　)

① 세균은 우리 주변 어디에나 산다.
② 모든 원생생물은 바다에서만 산다.
③ 세균은 공기, 흙, 생물의 몸 등에서 산다.
④ 세균은 일상생활에서 사용하는 물체에서도 산다.
⑤ 원생생물은 물이 있는 곳, 물살이 느린 곳에서 산다.

4 단원

비상

9 다음은 젖산균에 대한 설명입니다. ㉠, ㉡에 들어갈 알맞은 말을 각각 쓰시오.

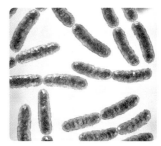

- 젖산균은 길쭉한 [㉠] 모양이고, 여러 개가 연결된 것도 있습니다.
- 젖산균은 사람이나 동물의 [㉡]에 삽니다.

㉠ (   )   ㉡ (   )

7종 공통

10 다음 중 세균에 대한 설명으로 옳지 <u>않은</u> 것은 어느 것입니까? (   )

① 세균의 종류는 매우 다양하다.

② 양분이 없는 곳에서도 사는 생물이다.

③ 균류나 원생생물보다 생김새가 단순하다.

④ 콜레라균, 포도상 구균, 대장균은 세균에 속한다.

⑤ 세균이 살기에 알맞은 조건이 되면 짧은 시간에 많은 수로 늘어난다.

서술형·논술형 문제   천재교과서, 동아, 미래엔, 아이스크림, 지학사

11 다음은 다양한 생물의 모습입니다.

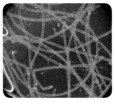
    ▲ 해캄

    ▲ 종벌레

    ▲ 짚신벌레

    ▲ 유글레나

(1) 위 생물이 속하는 것은 무엇인지 아래에서 골라 쓰시오.

식물,   동물,   균류,   세균,   원생생물

(   )

(2) 위 (1)번의 답에 해당하는 생물의 특징을 한 가지 쓰시오.

_____

_____

4. 다양한 생물과 우리 생활(2)

학습 주제 세균의 특징과 사는 곳 알아보기

학습 목표 여러 가지 세균의 특징과 사는 곳을 설명할 수 있다.

천재교과서, 미래엔, 비상, 아이스크림, 지학사

1 다음은 여러 가지 세균의 특징과 사는 곳을 정리한 내용입니다. ☐ 안에 알맞은 말을 각각 쓰시오.

세균 이름	포도상 구균	고초균	위 나선균
모습			
특징 (생김새 등)	둥근 알갱이가 포도처럼 뭉쳐 있으며, ❶ ☐ 모양임.	❷ ☐ 모양이며, 길쭉함.	❸ ☐ 모양이며, 편모가 있음.
사는 곳	공기, 음식물, 피부에 삶.	❹ ☐ 에 삶.	❺ ☐ 에 삶.

7종 공통

2 다음은 여러 가지 세균이 사는 곳의 특징에 대한 설명입니다. ☐ 안에 들어갈 알맞은 말을 쓰시오.

 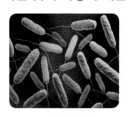  

▲ 대장균   ▲ 콜레라균   ▲ 충치균   ▲ 연쇄상 구균

여러 가지 세균은 대장의 안쪽, 물속, 공기, 사람의 입속, 생물의 피부 등 ☐ 이/가 있는 곳이면 우리 주변 어디에나 삽니다.

(   )

4
단원

진도 완료
Check!

7종 공통

3 위 **2**번의 여러 가지 세균이 양분이 많고 온도가 알맞으면 어떻게 되는지 특징을 쓰시오.

_____

_____

개념 1 다양한 생물이 우리에게 미치는 영향

다양한 생물은 약이나 음식을 만드는 데 이용되기도 하지만, 물건을 상하게 하거나 질병을 일으키기도 해.

1. 균류, 원생생물, 세균이 우리 생활에 미치는 영향

> 바다에서 자라는 미역이나 김 등과 같은 원생생물은 음식 재료로 이용되기도 합니다.

음식에 이용

- 음식으로 먹을 수 있는 균류(버섯)도 있음.
- 어떤 균류나 세균은 된장, 김치, 요구르트 등의 음식을 만드는 데 이용됨.

▲ 된장을 만드는 데 이용되는 균류

▲ 김치를 만드는 데 이용되는 세균

먹이, 산소

어떤 원생생물은 다른 생물의 먹이가 되거나 산소를 만들어 물속에 공급함.

▲ 산소를 만드는 원생생물

음식과 물건에 피해, 질병

- 어떤 균류나 세균은 음식이나 물건을 상하게 함.
- 어떤 세균은 충치나 장염을 일으키기도 함.
- 어떤 균류(버섯)는 독이 있어 먹으면 몸이 아플 수 있음.

▲ 음식을 상하게 하는 균류

▲ 충치를 일으키는 세균

▲ 장염을 일으키는 세균

어떤 균류(곰팡이)와 세균은 죽은 생물이나 배설물을 분해하여 다른 생물이 이용할 수 있게 해.

건강, 치료 약

- 어떤 세균은 사람의 몸에 살면서 건강을 지켜 주기도 함.
- 어떤 균류나 세균은 치료 약을 만드는 데 이용됨.

▲ 치료 약을 만드는 데 이용되는 균류와 세균

적조

- 붉은색을 띠는 원생생물이 너무 많아지면 바다, 강 등의 색깔이 붉은색으로 변하는 적조 현상이 일어나기도 함.
- 물속 다른 생물이 살기 어려워짐.

▲ 적조 현상을 일으키는 원생생물

2. 다양한 생물과 우리 생활의 관계

① 다양한 생물은 그 자체로 가치가 있습니다.
② 다양한 생물은 우리 생활에 많은 영향을 미칩니다.
③ 균류, 원생생물, 세균은 서로 영향을 주기도 하고 우리에게도 영향을 줍니다.

다양한 생물은 자연에도 영향을 줘.

개념② 생명과학이 이용되는 사례

1. 생명과학: 생물의 특성이나 생명 현상을 연구하고, 이를 우리 생활에 이용하는 과학

2. 다양한 생물을 활용한 생명과학 이용 사례 → 다양한 생물을 활용한 생명과학은 우리 생활에 다양하게 이용되어 여러 가지 문제를 해결하기도 합니다. 더 나은 삶을 살 수 있게 돕습니다.

균류	• 세균을 자라지 못하게 하는 균류(푸른곰팡이)를 활용하여 질병을 치료하는 약을 만듦. • 특별한 성분을 가진 여러 가지 버섯을 건강식품과 의약품 개발에 이용함. • 버섯의 균사를 활용하여 가죽과 비슷한 재료를 만들어 옷과 신발을 만드는 데 이용함.
원생생물	• 기름 성분을 만들어 내는 원생생물을 활용해 환경오염을 줄일 수 있는 생물 연료를 만듦. • 영양소가 풍부한 클로렐라 등을 건강식품 개발에 이용함. • 바다에 사는 원생생물을 활용하여 음식물 쓰레기를 분해함.
세균	• 특정 생물에게 질병을 일으키는 세균을 활용하여 해충과 병균을 막아 주는 생물 농약을 만듦. • 플라스틱 원료를 생산하는 세균을 활용하여 친환경 플라스틱, 생활용품을 만듦. • 물속 오염 물질을 분해하는 세균을 활용하여 하수 처리장에서 오염된 물을 *정화함.

→ 세균은 인공 눈을 만드는 데 이용됩니다.

└→ 하수 처리

다양한 생물의 특징을 활용하여 쓰레기를 분해하고, 오염된 물을 정화해.

4 단원

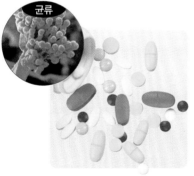

▲ 균류 ➡ 질병을 치료하는 약

▲ 원생생물 ➡ 생물 연료

▲ 세균 ➡ 생물 농약

★이런 자료도 있어요   천재교과서, 미래엔, 비상, 아이스크림 / 천재교과서, 지학사

생물 농약
• 해충을 죽일 수 있는 균류를 활용함.

약 대량 생산
• 짧은 시간에 많은 수로 늘어나는 세균(대장균)의 특징을 활용하여 약을 대량 생산함.

용어 풀이
*정화: 더러운 것을 깨끗하게 하는 것

창의력 기르기

! 생명과학 이용 사례 소개하기

★함께 계획하기

1. 균류, 원생생물, 세균을 활용한 생명과학 사례 조사하기
   ① 균류를 활용하여 질병을 치료하는 약을 개발하기도 합니다.
   ② 원생생물을 활용하여 음식물을 처리하기도 합니다.
   ③ 세균을 활용하여 오염된 물을 깨끗하게 만들기도 합니다.

2. 소개하는 자료에 어떤 내용을 넣을지 이야기하기
   ① 예 식품을 활용하는 내용을 넣을 것입니다.
   ② 예 환경을 보호하는 기술에 대한 내용을 넣을 것입니다.

3. 소개하는 자료를 어떤 형식으로 만들지 이야기하기
   ① 인터넷 뉴스 형식, 카드 뉴스 형식, 동영상 형식 등으로 만듭니다.

★함께 해 보기

1. 생명과학 소개 자료의 작성 계획서를 만들어 보기
2. 스마트 기기를 활용하여 선택한 형식으로 소개 자료를 만들어 누리 소통망에 게시하고, 공유해 보기

★함께 나누기

1. 공유한 생명과학 소개 자료를 소개하고 발표하기
2. 소개 자료의 잘된 점을 댓글로 달고 이야기하기
   ① 잘된 점: 뉴스처럼 중요한 내용만 설명되어 있어서 좋았습니다.

천재교과서, 비상, 아이스크림

1 다음은 다양한 생물이 우리 생활에 미치는 영향입니다. ☐ 안에 공통으로 들어갈 알맞은 생물은 어느 것입니까? (   )

> • 음식으로 먹을 수 있는 ☐인 버섯도 있습니다.
> • 된장을 만드는 데 어떤 ☐을/를 이용합니다.

① 식물   ② 균류   ③ 동물
④ 세균   ⑤ 원생생물

7종 공통

2 다음 중 다양한 생물이 우리 생활에 미치는 영향에 대한 설명으로 옳은 것을 두 가지 고르시오.

(,   )

① 어떤 균류는 충치를 일으킨다.
② 어떤 세균은 적조 현상을 일으킨다.
③ 어떤 원생생물은 산소를 만들어 물속에 공급한다.
④ 어떤 원생생물은 죽은 생물을 분해하여 다른 생물이 이용할 수 있게 해 준다.
⑤ 다양한 생물은 음식을 만드는 데 이용되기도 하지만, 음식을 상하게 하거나 질병을 일으키기도 한다.

7종 공통

3 오른쪽의 생명과학을 이용하여 생물 연료를 만드는 데 활용되는 생물을 **보기** 에서 골라 기호로 쓰시오.

> **보기**
> ㉠ 균류   ㉡ 세균   ㉢ 원생생물

(   )

▲ 생물 연료

7종 공통

4 다음 중 다양한 생물을 활용한 생명과학 이용 사례에 대한 설명으로 옳지 <u>않은</u> 것은 어느 것입니까?

(   )

① 세균의 균사를 활용하여 가죽과 비슷한 재료를 만든다.
② 해충을 죽일 수 있는 균류를 활용해 생물 농약을 만든다.
③ 바다에 사는 원생생물을 활용하여 음식물 쓰레기를 분해한다.
④ 특정 생물에게 질병을 일으키는 세균을 활용해 생물 농약을 만든다.
⑤ 물속 오염 물질을 분해하는 세균을 활용하여 하수 처리장에서 오염된 물을 정화한다.

4 단원

1 천재교과서, 동아, 비상

다음은 어떤 생물이 우리 생활에 미치는 영향입니다. ☐ 안에 들어갈 알맞은 생물을 쓰시오.

> 어떤 ☐은/는 사람에게 장염을 일으키기도 하고, 사람의 몸에 살면서 건강을 지켜 주기도 합니다.

(   )

[2~3] 다음은 다양한 생물이 우리 생활에 미치는 영향입니다. 물음에 답하시오.

▲ 김치를 만드는 데 이용되는 ⑦

▲ 된장을 만드는데 이용되는 ⓒ

▲ 음식을 상하게 하는 세균과 ⓒ

▲ 충치를 일으키는 ⓔ

2 7종 공통

다음 중 위 ⑦~ⓔ에 해당하는 생물끼리 바르게 짝 지은 것은 어느 것입니까? (   )

	⑦	ⓒ	ⓒ	ⓔ
①	균류	균류	균류	균류
②	세균	균류	균류	세균
③	세균	원생생물	균류	원생생물
④	균류	세균	원생생물	세균
⑤	원생생물	세균	원생생물	균류

3 7종 공통

다음 중 위 ⑦~ⓔ에 해당하는 생물이 우리 생활에 미치는 또 다른 영향으로 옳은 것을 두 가지 고르시오. (,   )

① ⑦은 적조 현상을 일으킨다.

② ⓒ은 두부를 만드는 데 이용되기도 한다.

③ ⑦, ⓒ은 치료 약을 만드는 데 이용되기도 한다.

④ ⓒ, ⓔ은 미역이나 김처럼 음식 재료로 이용된다.

⑤ ⓒ, ⓔ은 죽은 생물이나 배설물을 분해하기도 한다.

4 다음 중 원생생물이 우리 생활에 미치는 영향이 <u>아닌</u> 것은 어느 것입니까? (   )

① 충치를 일으키기도 한다.

② 음식 재료로 이용되기도 한다.

③ 다른 생물의 먹이가 되기도 한다.

④ 산소를 만들어 물속에 공급하기도 한다.

⑤ 바다, 강 등의 색깔을 붉은색으로 변하게 하기도 한다.

5 다음 중 다양한 생물이 우리 생활에 미치는 영향에 대한 설명으로 옳지 <u>않은</u> 것은 어느 것입니까?

(   )

① 음식으로 먹을 수 있는 균류가 있다.

② 어떤 균류나 세균은 물건을 상하게 한다.

③ 미역이나 김 같은 원생생물은 음식 재료로 이용된다.

④ 원생생물은 배설물을 분해하여 다른 생물이 이용하도록 한다.

⑤ 다양한 생물은 서로 영향을 주기도 하고 우리에게도 영향을 준다.

6 다음 중 생명과학에 대한 설명으로 옳은 것을 [보기]에서 골라 바르게 짝 지은 것은 어느 것입니까?

(   )

보기

㉠ 우리가 더 나은 삶을 살 수 있게 돕습니다.

㉡ 우리 생활의 여러 가지 문제를 해결하기도 합니다.

㉢ 식물, 균류, 원생생물에 관련된 생명과학만을 연구합니다.

㉣ 생물의 특성을 연구하고 이를 우리 생활에 이용하는 과학입니다.

① ㉠, ㉡   ② ㉡, ㉢   ③ ㉢, ㉣

④ ㉠, ㉡, ㉣   ⑤ ㉡, ㉢, ㉣

4 단원

7 다음은 다양한 생물을 활용한 생명과학 이용 사례입니다. ㉠, ㉡에 들어갈 알맞은 말을 각각 쓰시오.

▲ 하수 처리장

물속 오염 물질을 분해하는 ┌㉠┐을/를 활용하여 하수 처리장에서 오염된 물을 ┌㉡┐ 합니다.

㉠ (   ) ㉡ (   )

동아, 비상, 지학사
8 다음 중 버섯의 균사를 활용한 생명과학 이용 사례로 옳은 것은 어느 것입니까? (   )

① 생물 연료   ② 생물 농약   ③ 약 대량 생산

④ 질병 치료하는 약   ⑤ 가죽과 비슷한 재료

7종 공통
9 다음 중 생명과학을 이용하여 친환경 플라스틱을 만드는 데 활용되는 생물은 어느 것입니까?

(   )

① 해충을 죽일 수 있는 균류

② 플라스틱 원료를 생산하는 세균

③ 기름 성분을 만들어 내는 원생생물

④ 세균을 자라지 못하게 하는 균류(곰팡이)

⑤ 짧은 시간에 많은 수로 늘어나는 세균(대장균)

천재교과서, 미래엔, 비상
10 오른쪽과 같이 영양소가 풍부한 클로렐라를 활용한 생명과학 이용 사례로 옳은 것을 보기 에서 골라 기호를 쓰시오.

보기

㉠ 인공 눈   ㉡ 건강식품

㉢ 생활용품   ㉣ 하수 처리

(   )

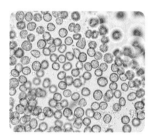

▲ 클로렐라

서술형·논술형 문제   7종 공통

11 다음은 다양한 생물이 우리 생활에 미치는 영향입니다.

㉠

▲ 음식이나 물건을 상하게 함.

㉡

▲ 적조 현상을 일으킴.

(1) 위 ㉠과 ㉡ 중 균류나 세균이 우리 생활에 미치는 영향은 어느 것인지 기호를 쓰시오.

(   )

(2) 위의 예 외에 균류나 세균이 우리 생활에 미치는 영향을 한 가지 쓰시오.

_____

_____

4. 다양한 생물과 우리 생활(3)

학습 주제 생명과학이 우리 생활에 이용되는 예 알아보기

학습 목표 생명과학이 우리 생활에 어떻게 이용되는지 예를 들어 설명할 수 있다.

[1~3] 다음은 생명과학이 우리 생활에 이용되는 예를 조사한 것입니다.

▲ 생물 연료

▲ 생물 농약

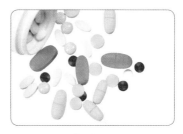
▲ 질병을 치료하는 약

7종 공통

1 다음은 생명과학에 대한 설명입니다. ☐ 안에 들어갈 알맞은 말을 쓰시오.

생명과학은 생물의 특성이나 ☐을/를 연구하고, 이를 우리 생활에 이용하는 과학
입니다.

(   )

7종 공통

2 위 생명과학이 우리 생활에 이용되는 예와 활용되고 있는 생물에 대해 정리한 것입니다. ☐ 안에 알맞은 말을 각각 쓰시오.

생명과학이 우리 생활에 이용되는 예	활용되고 있는 생물과 특징
생물 연료	기름 성분을 만들어 내는 ❶ ☐을/를 활용함.
생물 농약	특정 생물에게 질병을 일으키는 세균을 활용함.
질병을 치료하는 약	세균을 자라지 못하게 하는 ❷ ☐을/를 활용함.

4
단원

진도 완료
Check!

7종 공통

3 위의 예 외에 원생생물을 활용한 생명과학이 우리 생활에 이용되는 예를 한 가지 쓰시오.

_____

_____

버섯과 곰팡이의 특징

☑ 버섯과 곰팡이 ➡ 공통점: 가늘고 긴 실 모양의 ❶[   ](으)로 이루어져 있는 균류입니다.

☑ 균류의 특징과 사는 곳

특징 ➡ • ❷[   ]을/를 만들어 자손을 퍼뜨립니다.
• 죽은 생물이나 다른 생물에서 양분을 얻어 살아갑니다.

사는 곳 ➡ 따뜻하고 ❸[   ]지며 습한 곳에서 삽니다.

해캄과 짚신벌레의 특징

☑ 원생생물의 특징과 사는 곳

특징 ➡ • 동물, 식물, 균류, 세균으로 분류되지 않는 생물입니다.
• 동물이나 식물보다 생김새가 ❹[   ]합니다.

사는 곳 ➡ 연못, 강, 바다 등 ❺[   ]이/가 있는 곳에서 삽니다.

☑ 다양한 원생생물

▲ 해캄   ▲ 짚신벌레   ▲ 종벌레   ▲ 파래   ▲ 미역

세균의 특징

☑ 세균의 특징과 사는 곳

특징(생김새 등) ➡ • 공 모양, 막대 모양, 나선 모양 등이 있으며, 편모가 있는 세균도 있습니다.
• 크기가 매우 작아 맨눈으로 볼 수 없습니다.

사는 곳 ➡ 공기, 흙, 생물의 몸 등 ❻[   ]이/가 있는 곳이면 우리 주변 어디에나 삽니다.

다양한 생물이 우리에게 미치는 영향

☑ 균류, 원생생물, 세균이 우리 생활에 미치는 영향

어떤 균류나 세균은 된장, 김치, 요구르트 등의 음식을 만드는 데 이용됨.	어떤 원생생물은 산소를 만들어 물속에 공급함.	어떤 균류나 세균은 치료 약을 만드는 데 이용됨.

어떤 균류나 ❼ [　　　]은/는 음식이나 물건을 상하게 함.	어떤 ❽ [　　　]은/는 충치를 일으키기도 함.	붉은색을 띠는 원생생물이 많아지면 바다나 강 등에 ❾ [　　　] 현상이 일어나기도 함.

4 단원

생명과학 이용 사례

☑ 생명과학: 생물의 특성이나 생명 현상을 연구하고, 이를 우리 생활에 이용하는 과학

☑ 다양한 생물을 활용한 생명과학 이용 사례

균류	원생생물	세균
• ❿ [　　　]을/를 자라지 못하게 하는 균류 → 질병을 치료하는 약 • 특별한 성분의 여러 가지 버섯 → 건강식품, 의약품 개발 • 버섯의 균사 활용 → 가죽과 비슷한 재료	• 기름 성분을 만들어 내는 원생생물 → ⓫ [　　　] • 영양소가 풍부한 클로렐라 → 건강식품 개발 • 바다에 사는 원생생물 → 음식물 쓰레기 분해	• 특정 생물에게 질병을 일으키는 세균 → 생물 농약 • 플라스틱 원료를 생산하는 세균 → 생활용품, 친환경 플라스틱 • 물속 오염 물질을 분해하는 세균 → 오염된 물 ⓬ [　　　]

4. 다양한 생물과 우리 생활

• 배점 표시가 없는 문제는 문제당 4점입니다.

천재교과서

1 오른쪽의 느타리 버섯이 자라는 환경으로 옳은 것을 보기 에서 골라 기호를 쓰시오.

▲ 느타리버섯

보기
㉠ 오염된 물
㉡ 물체의 표면
㉢ 썩은 나무나 죽은 나무

(   )

천재교과서, 비상

2 다음 디지털 현미경의 ㉠~㉢ 중 조명 조절 나사 또는 밝기 조절 나사로 부르는 부분의 기호를 골라 쓰시오.

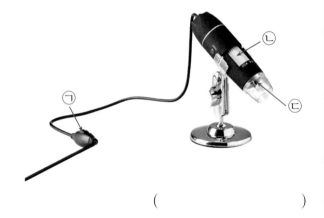

(   )

7종 공통

3 다음 중 버섯과 곰팡이에 대한 설명으로 옳은 것은 어느 것입니까? (   )

① 꽃이 피고 열매를 맺는다.
② 뿌리, 줄기, 잎으로 구분된다.
③ 곰팡이는 균류이고 버섯은 식물이다.
④ 다른 생물에서 양분을 얻어 살아간다.
⑤ 따뜻하고 건조하며 그늘진 곳에서 잘 자란다.

천재교과서, 동아, 비상, 아이스크림, 지학사

4 다음은 버섯, 곰팡이와 같은 균류의 특징입니다. ㉠, ㉡에 들어갈 알맞은 말을 각각 쓰시오.

▲ 버섯   ▲ 곰팡이

균류는 가늘고 긴 실 모양의 ㉠ (으)로 이루어져 있고, ㉡ 을/를 만들어 자손을 퍼뜨립니다.

㉠ (   ) ㉡ (   )

천재교과서, 동아, 미래엔

5 다음 중 실체 현미경 구조에서 ㉠~㉢의 이름을 바르게 짝 지은 것은 어느 것입니까? (   )

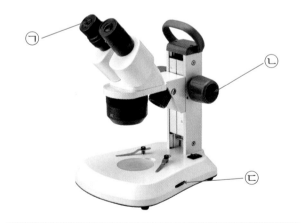

	㉠	㉡	㉢
①	대물렌즈	회전판	재물대
②	대물렌즈	초점 조절 나사	접안렌즈
③	접안렌즈	재물대	조명 조절 나사
④	접안렌즈	초점 조절 나사	조명 조절 나사
⑤	재물대	회전판	초점 조절 나사

점수

천재교과서

6 다음은 실체 현미경으로 해캄과 짚신벌레를 관찰한 모습입니다. [총 12점]

▲ 확대한 해캄

▲ 확대한 짚신벌레

(1) 위 해캄의 특징을 쓰시오. [6점]

_____

_____

(2) 위 짚신벌레의 특징을 쓰시오. [6점]

_____

_____

7종 공통

7 다음 중 해캄, 짚신벌레와 같은 생물이 속하는 것은 어느 것입니까? (   )

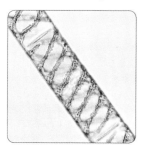
▲ 해캄

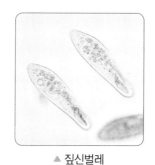
▲ 짚신벌레

① 동물   ② 식물
③ 균류   ④ 세균
⑤ 원생생물

7종 공통

8 다음 중 원생생물에 대한 설명으로 옳지 <u>않은</u> 것은 어느 것입니까? (   )

① 동물의 먹이가 되기도 한다.
② 낙엽이 많은 곳에서 쉽게 볼 수 있다.
③ 동물이나 식물보다 생김새가 단순하다.
④ 연못, 강, 바다 등 물이 있는 곳에서 산다.
⑤ 동물, 식물, 균류, 세균으로 분류되지 않는다.

7종 공통

9 다음 중 세균의 특징에 대한 설명으로 옳은 것을 보기 에서 골라 바르게 짝 지은 것은 어느 것입니까?
(   )

보기
㉠ 생물이 아닙니다.
㉡ 맨눈으로 보기 어렵습니다.
㉢ 포자를 만들어 자손을 퍼뜨립니다.
㉣ 공 모양, 막대 모양, 나선 모양 등 생김새가 다양합니다.

① ㉠, ㉡   ② ㉠, ㉢
③ ㉡, ㉢   ④ ㉡, ㉣
⑤ ㉢, ㉣

7종 공통

10 다음은 여러 가지 세균의 모습입니다. [총 12점]

㉠ 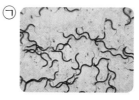   ㉡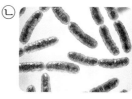

(1) 위 ㉠과 ㉡ 중 생김새가 막대 모양인 세균은 어느 것인지 기호를 쓰시오. [4점]

(   )

(2) 위 세균이 살기에 알맞은 조건이 되면 어떻게 되는지 쓰시오. [8점]

_____

_____

4 단원

11 다음 중 생물의 종류가 나머지 넷과 <u>다른</u> 하나는 어느 것입니까? (   )

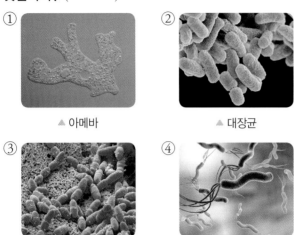

① ▲ 아메바
② ▲ 대장균
③ ▲ 충치균
④ ▲ 위 나선균
⑤ ▲ 포도상 구균

12 다음 중 다양한 생물에 대한 설명으로 옳은 것을 두 가지 고르시오. (,   )

ㄱ ▲ 버섯
ㄴ ▲ 미역
ㄷ ▲ 종벌레
ㄹ ▲ 연쇄상 구균

① ㄱ은 생물이 아니다.
② ㄴ은 동물과 식물로 구분된다.
③ ㄷ과 ㄹ은 같은 장소에서 사는 생물이다.
④ ㄷ은 동물, 식물, 균류, 세균으로 분류되지 않는다.
⑤ ㄹ은 균류나 원생생물보다 크기가 작아 맨눈으로 볼 수 없다.

13 우리 생활에 다음과 같은 영향을 미치는 생물을 두 가지 고르시오. (,   )

• 음식이나 물건을 상하게 합니다.
• 된장, 김치, 요구르트 등의 음식을 만드는 데 이용됩니다.
• 죽은 생물이나 배설물을 분해하여 다른 생물이 이용할 수 있게 해 줍니다.

① 세균
② 식물
③ 동물
④ 균류
⑤ 원생생물

14 다음 중 우리 생활에 미치는 영향과 해당하는 생물을 바르게 설명한 것은 어느 것입니까? (   )

① ▲ 산소를 만드는 균류

② ▲ 음식을 상하게 하는 균류

③ ▲ 장염을 일으키는 원생 생물

④ ▲ 된장을 만드는 데 이용되는 세균

15 다음은 어떤 생물이 우리 생활에 미치는 영향입니다. 균류, 원생생물, 세균 중 알맞은 생물의 종류를 쓰시오.

• 충치나 장염을 일으킵니다.
• 사람의 몸에 살면서 건강을 지켜주기도 합니다.

(   )

16 다음은 어떤 생물이 우리 생활에 미치는 영향입니다.
□ 안에 들어갈 알맞은 말을 쓰시오.

7종 공통

▲ 적조 현상

붉은색을 띠는 □□□이/가 많아지면 바다, 강 등에서 적조 현상이 일어나 다른 생물이 살아가기 어렵습니다.

(   )

17 다음은 생명과학이 우리 생활에 이용되는 사례입니다.
㉠, ㉡에 해당하는 생물을 바르게 짝 지은 것은 어느 것입니까? (   )

7종 공통

▲ 특정 생물에게 질병을 일으키는 □㉠□을/를 활용한 생물 농약

▲ 플라스틱 원료를 생산하는 □㉠□을/를 활용한 친환경 플라스틱 생산

▲ 기름 성분을 만들어 내는 □㉡□을/를 활용한 생물 연료

	㉠	㉡
①	세균	균류
②	균류	세균
③	세균	원생생물
④	원생생물	균류
⑤	원생생물	세균

서술형·논술형 문제 천재교과서, 아이스크림, 지학사

18 다음과 같은 하수 처리장에서 생명과학이 어떻게 이용되고 있는지 활용되는 생물과 특징을 포함하여 쓰시오. [8점]

▲ 하수 처리장

_____

_____

천재교과서, 미래엔, 비상, 아이스크림, 지학사

19 다음은 생명과학이 우리 생활에 이용되는 경우입니다. □ 안에 들어갈 알맞은 생물을 [보기]에서 골라 기호를 쓰시오.

□□□을/를 자라지 못하게 하는 일부 곰팡이를 활용하여 질병을 치료하는 약을 만들 수 있습니다.

▲ 질병을 치료하는 약

보기
㉠ 균류   ㉡ 세균   ㉢ 원생생물

(   )

7종 공통

20 다음 중 생명과학이 우리 생활에 이용되는 예로 옳은 것은 어느 것입니까? (   )

① 균류로 된장을 만든다.
② 세균이 물건을 망가뜨린다.
③ 일부 균류는 먹으면 몸이 아플 수 있다.
④ 원생생물은 다른 생물의 먹이가 되기도 한다.
⑤ 영양소가 풍부한 클로렐라 등을 건강식품 개발에 이용한다.

4
단원

진도 완료
Check!

충치는 입속 벌레 때문에 생기는 걸까요?

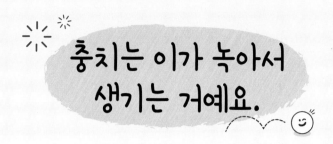

충치는 이가 녹아서
생기는 거예요.

우리의 입속에는 다양한 세균들이 살고 있어요. 입안은 세균이 살기에 알맞은 조건이랍니다.

음식을 먹으면 이 사이에 음식물 찌꺼기가 끼는데, 음식물 찌꺼기와 세균(충치균)이 만나면 '젖산'이 만들어져요.

음식물   세균(충치균)   젖산

이렇게 만들어진 젖산이 이를 녹여 썩게 하는데, 그것이 바로 '충치'입니다.

충치는 입속의 벌레들 때문에 생기는 것이 아니라, 젖산이 이를 녹여서 생기는 것입니다.

따라서 이가 썩는 것을 막기 위해서는 음식을 먹고 난 뒤 이를 닦아야 해요. 그리고 세균(충치균)이 젖산을 만들기 좋은 단 음식들은 피하는 것이 좋겠지요?

MEMO

초등 문해력
독해가 힘이다
비문학편

\# 배경지식

\# 사회, 과학, 한국사

\# 심화독해력 향상

\# 비문학

문해력을 키우면 정답이 보인다 <small>(초등 3~6학년 / 단계별)</small>

비문학편(A)
문해 기술을 이미지, 영상 콘텐츠로 쉽게 이해하고
비문학 시사 지문의 구조화를 연습하는 난도 높은 독해력 전문 교재

디지털·비문학편 (B)
비문학 문해 기술을 바탕으로 디지털 정보의 선별과
수용, 비판적 독해를 연습하는 비문학·디지털 문해력 전문 교재

뭘 좋아할지 몰라 다 준비했어♥
전과목 교재

전과목 시리즈 교재

●무등생 해법시리즈

– 국어/수학	1~6학년, 학기용
– 사회/과학	3~6학년, 학기용
– SET(전과목/국수, 국사과)	1~6학년, 학기용

●똑똑한 하루 시리즈

– 똑똑한 하루 독해	예비초~6학년, 총 14권
– 똑똑한 하루 글쓰기	예비초~6학년, 총 14권
– 똑똑한 하루 어휘	예비초~6학년, 총 14권
– 똑똑한 하루 한자	예비초~6학년, 총 14권
– 똑똑한 하루 수학	1~6학년, 총 12권
– 똑똑한 하루 계산	예비초~6학년, 총 14권
– 똑똑한 하루 도형	예비초~6학년, 총 8권
– 똑똑한 하루 Voca	3~6학년, 학기용
– 똑똑한 하루 Reading	초3~초6, 학기용
– 똑똑한 하루 Grammar	초3~초6, 학기용
– 똑똑한 하루 Phonics	예비초~초등, 총 8권

●독해가 힘이다 시리즈

– 초등 수학도 독해가 힘이다	1~6학년, 학기용
– 초등 문해력 독해가 힘이다 문장제수학편	1~6학년, 총 12권
– 초등 문해력 독해가 힘이다 비문학편	3~6학년, 총 8권

영어 교재

●초등영어 교과서 시리즈

파닉스(1~4단계)	3~6학년, 학년용
영단어(1~4단계)	3~6학년, 학년용

●LOOK BOOK 영단어	3~6학년, 단행본
●원서 읽는 LOOK BOOK 영단어	3~6학년, 단행본

국가수준 시험 대비 교재

●해법 기초학력 진단평가 문제집	2~6학년·중1 신입생, 총 6권

© Clovers

개념 동영상 강의 · 서술형 · 수행 평가 · 온라인 성적 피드백

홈스쿨링
우등생

온라인
학습북

초등 과학

4·1

천재교육

온라인 학습북
포인트 3가지

▶ 「**개념 동영상 강의**」로 교과서 핵심만 정리!

▶ 「**서술형 문제 동영상 강의**」로 사고력도 향상!

▶ 「**온라인 성적 피드백**」으로 단원별로 내가 부족한 부분 꼼꼼하게 체크!

우등생 온라인 학습북 활용법

home.chunjae.co.kr

온라인 채점과 성적 피드백

정답을 입력하면 채점과
성적 분석까지

온라인 강의

개념 / 서술형 · 논술형 평가 /
단원평가

온라인 학습
스케줄 관리

맞춤형 홈스쿨링
스케줄표 제공

정답 입력

1	①
2	④
3	②
4	③
5	⑤
6	①

온라인 피드백

9 　 🖾 문제풀이

어떤 물체를 특정 물질로 만드는 까닭을 알고 있으면 문
제를 푸는 데 도움이 됩니다. 집게를 이루고 있는 물질과
물체를 그 물질로 만들었을 때의 좋은 점을 알고 있어야
합니다.

11 　 ▶ 문제풀이

물체의 기능에 알맞은 물질을 선택하여 물체를 만드는
경우를 이해하는 데 어려움을 느낄 수 있습니다. 물체의
각 부분을 서로 다른 물질로 만들었을 때 좋은 점을 알

단원평가의 답을 입력하여 제출하면
틀린 문제에 대한 피드백과 동영상 강의 제공!

우등생 과학 4-1

홈스쿨링 스피드 스케줄표 8회

스피드 스케줄표는 온라인 학습북을 8회로 나누어
빠르게 공부하는 학습 진도표입니다.

1. 자석의 이용

1회	온라인 학습북 4~9쪽	**2**회	온라인 학습북 10~13쪽
월 일		월 일	

2. 물의 상태 변화

3회	온라인 학습북 14~19쪽
월 일	

2. 물의 상태 변화

4회	온라인 학습북 20~23쪽
월 일	

3. 땅의 변화

5회	온라인 학습북 24~29쪽	**6**회	온라인 학습북 30~33쪽
월 일		월 일	

4. 다양한 생물과 우리 생활

7회	온라인 학습북 34~43쪽
월 일	

전체 범위

8회	온라인 학습북 44~47쪽
월 일	

스피드
스케줄표
바로가기

차례

1. 자석의 이용(1)

개념 1 자석에 붙는 물체

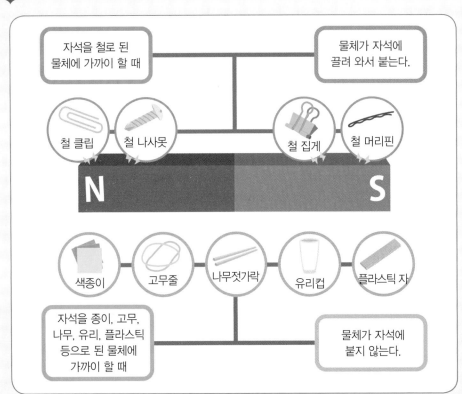

개념 2 자석의 극

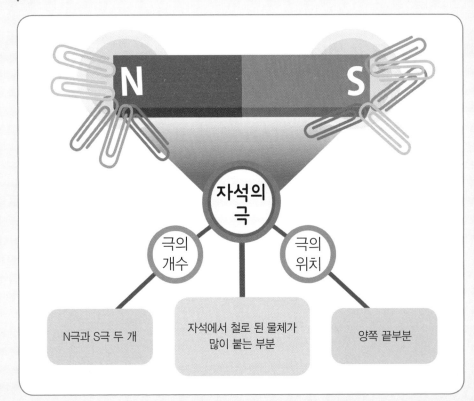

1 개념 확인하기

자석에 붙는 물체는 철로 만들어졌다.

O ☐   X ☐

2 개념 확인하기

자석에서 철로 된 물체가 가장 적게 붙는 부분을 자석의 극이라고 한다.

O ☐   X ☐

실력 평가

1 7종 공통
다음 물체에 각각 자석을 대어 보았을 때의 결과와 그에 대한 설명으로 옳은 것을 두 가지 고르시오.
(,)

▲ 유리컵

▲ 철 나사못

① 유리컵은 자석에 붙는다.
② 철 나사못은 자석에 붙는다.
③ 유리컵과 철 나사못은 자석에 붙는다.
④ 자석에 붙는 물체는 철로 만들어졌다.
⑤ 자석에 붙지 않는 물체는 철로 만들어졌다.

2 천재교과서, 동아, 미래엔, 비상, 아이스크림
다음 가위의 각 부분에 자석을 대어 보았을 때 자석에 붙는 부분을 골라 기호를 쓰시오.

▲ 가위의 손잡이 부분

▲ 가위의 날 부분

( )

서술형·논술형 문제 천재교과서

3 다음과 같이 막대자석을 철 구슬 줄에 가까이 했다가 조금 떨어뜨리면 철 구슬 줄이 공중에 뜹니다. 이를 통해 알 수 있는 자석과 철로 된 물체 사이에 작용하는 힘에 대해 쓰시오.

철 구슬 줄

막대자석

4 7종 공통
다음 중 자석과 철로 된 물체 사이에 작용하는 힘에 대한 설명으로 옳은 것을 보기 에서 골라 기호를 쓰시오.

보기

⊙ 자석과 철로 된 물체 사이에는 미는 힘이 작용합니다.
ⓒ 자석과 철로 된 물체는 약간 떨어져 있어도 서로 끌어당기는 힘이 작용합니다.
ⓒ 자석과 철로 된 물체 사이에 종이가 있으면 서로 끌어당기는 힘이 작용하지 않습니다.

( )

5 7종 공통
다음 막대자석에서 철로 된 물체가 많이 붙는 부분을 모두 골라 기호를 쓰시오.

⊙ ⓒ ⓒ

( )

6 7종 공통
다음 중 자석의 극에 대한 설명으로 옳은 것은 어느 것입니까? ( )

① 자석의 극은 두 개이다.
② 막대자석의 극은 가운데 부분에 있다.
③ 자석에서 철로 된 물체가 붙지 않는 부분이다.
④ 자석의 극의 개수는 자석의 종류에 따라 다르다.
⑤ 모양이 다른 자석에 색종이를 가까이 해 보면 자석의 극을 찾을 수 있다.

7 동아, 비상
오른쪽 동전 모양 자석에서 철 클립이 많이 붙는 부분은 몇 군데인지 쓰시오.

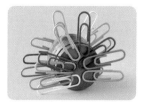

( ) 군데

정답 · 18쪽
개념 강의

1. 자석의 이용(2)

개념1 자석의 극이 가리키는 방향

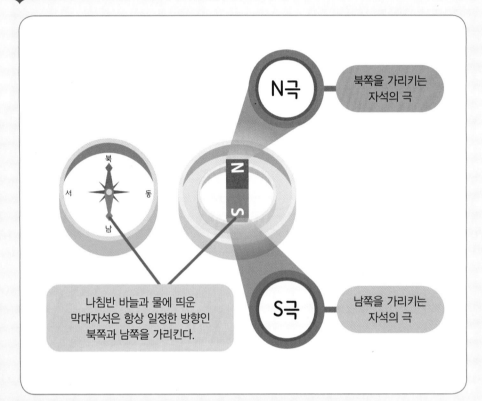

N극 — 북쪽을 가리키는 자석의 극

S극 — 남쪽을 가리키는 자석의 극

나침반 바늘과 물에 띄운 막대자석은 항상 일정한 방향인 북쪽과 남쪽을 가리킨다.

개념2 자석과 자석

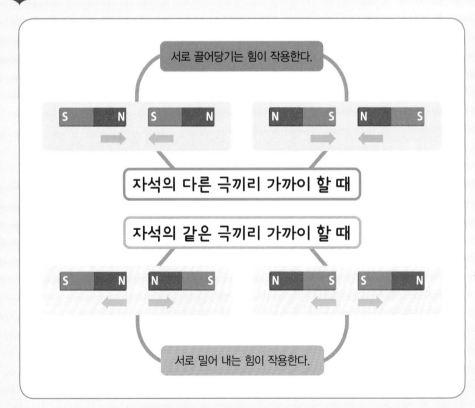

서로 끌어당기는 힘이 작용한다.

자석의 다른 극끼리 가까이 할 때

자석의 같은 극끼리 가까이 할 때

서로 밀어 내는 힘이 작용한다.

1 개념 확인하기

물에 띄운 막대자석과 나침반 바늘이 가리키는 방향은 반대이다.

○ ☐   × ☐

2 개념 확인하기

두 자석의 다른 극끼리 가까이 하면 서로 끌어당기는 힘이 작용한다.

○ ☐   × ☐

실력 평가

1
천재교과서, 지학사

오른쪽과 같이 물 위에 띄운 플라스틱 접시의 가운데에 막대자석을 올려놓으려고 합니다. 플라스틱 접시 위 막대자석의 모습으로 옳은 것은 어느 것입니까?

( )

①

②

③

④

2
7종 공통

다음 막대자석에 대한 설명에서 ㉠과 ㉡에 들어갈 알맞은 말을 각각 쓰시오.

막대자석의 N극은 ㉠ 쪽을 가리키는 자석의 극으로, 주로 ㉡ 색으로 표시합니다.

㉠ ( ) ㉡ ( )

3
천재교과서

다음 중 나침반에 대한 설명으로 옳지 <u>않은</u> 것은 어느 것입니까?

( )

① 나침반 바늘은 항상 동쪽과 서쪽을 가리킨다.
② 나침반은 방향을 찾을 수 있도록 만든 도구이다.
③ 나침반 바늘의 빨간색 부분은 자석의 N극과 같다.
④ 자석이 일정한 방향을 가리키는 성질을 이용한 것이다.
⑤ 나침반 바늘의 빨간색 부분 반대쪽은 항상 남쪽을 가리킨다.

4
7종 공통

다음은 알루미늄 포일로 감싼 둥근기둥 모양 자석을 물에 띄웠을 때 자석이 움직이다가 멈춘 모습입니다. ㉠과 ㉡ 중 자석의 N극에 해당하는 것을 골라 기호를 쓰시오.

( )

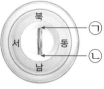

5
서술형·논술형 문제 천재교과서, 동아, 미래엔, 비상

오른쪽과 같이 고리 자석으로 탑을 쌓았습니다.

(1) 고리 자석 탑의 ㉠ 부분은 N극과 S극 중 어느 극에 해당하는지 쓰시오.

( )극

(2) 위 (1)번의 답과 같이 생각한 까닭을 쓰시오.

_____

_____

6
천재교과서, 동아, 미래엔, 비상

다음은 극을 알지 못하는 고리 자석의 극을 찾는 방법입니다. ㉠과 ㉡에 들어갈 알맞은 말을 각각 쓰시오.

막대자석을 고리 자석에 가까이 하면 같은 극끼리는 서로 ㉠ 힘이 작용하고, 다른 극끼리는 서로 ㉡ 힘이 작용합니다.

㉠ ( ) ㉡ ( )

개념 강의

1. 자석의 이용(3)

개념1 자석 주위에 놓인 나침반 바늘의 움직임

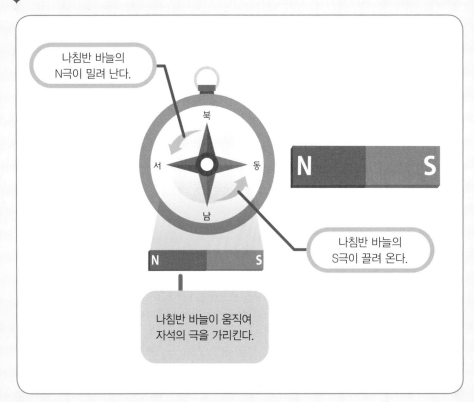

나침반 바늘의 N극이 밀려 난다.

북
서 동
남

N S

나침반 바늘의 S극이 끌려 온다.

N S

나침반 바늘이 움직여 자석의 극을 가리킨다.

개념2 자석을 이용한 물체

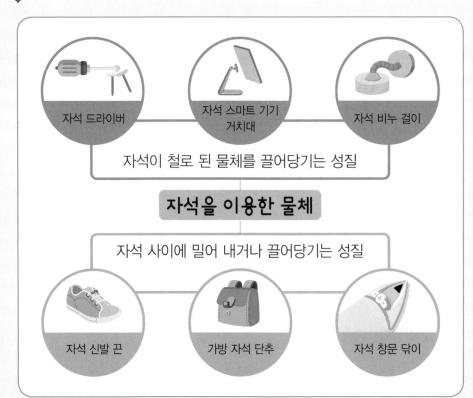

자석 드라이버

자석 스마트 기기 거치대

자석 비누 걸이

자석이 철로 된 물체를 끌어당기는 성질

자석을 이용한 물체

자석 사이에 밀어 내거나 끌어당기는 성질

자석 신발 끈

가방 자석 단추

자석 창문 닦이

1 개념 확인하기

막대자석의 N극을 나침반에 가까이 하면 나침반 바늘의 S극이 막대자석의 N극을 가리킨다.

○ ☐   × ☐

2 개념 확인하기

자석 창문 닦이는 자석이 철로 된 물체를 끌어당기는 성질을 이용한 것이다.

○ ☐   × ☐

실력 평가

1 7종 공통
다음과 같이 나침반에 막대자석의 S극을 가까이 가져 갈 때 나침반 바늘이 움직이는 방향으로 옳은 것의 기호를 쓰시오.

(   )

2 천재교과서, 동아, 미래엔, 비상, 지학사
다음은 막대자석 주위에 나침반을 놓았을 때의 모습 입니다. 막대자석의 ㉠ 부분과 ㉡ 부분에 해당하는 극을 바르게 짝 지은 것은 어느 것입니까? (   )

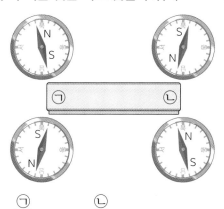

	㉠	㉡
①	N극	N극
②	N극	S극
③	S극	N극
④	S극	S극
⑤	알 수 없음.	알 수 없음.

3 7종 공통
다음은 색종이를 감싼 막대자석을 나침반에 가까이 가져갔을 때의 모습입니다. 막대자석의 ㉠ 부분은 N극과 S극 중 어느 극인지 쓰시오.

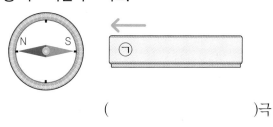

(   )극

4 7종 공통
막대자석 주위에서 나침반 바늘이 가리키는 방향이 달라지는 까닭에 대한 설명으로 옳은 것을 다음 보기 에서 골라 기호를 쓰시오.

보기
㉠ 나침반 바늘도 자석이기 때문입니다.
㉡ 막대자석과 나침반 바늘 사이에 항상 밀어 내는 힘만 작용하기 때문입니다.
㉢ 막대자석과 나침반 바늘 사이에는 아무런 힘도 작용하지 않기 때문입니다.

(   )

5 천재교과서, 지학사
다음 중 자석을 이용한 물체에서 자석이 있는 부분이 잘못 표시된 것은 어느 것입니까? (   )

①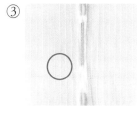
▲ 자석 다트

②
▲ 자석 클립 통

③
▲ 자석 방충망

④
▲ 자석 비누 걸이

서술형·논술형 문제 천재교과서, 지학사
6 다음 물체들에 공통으로 이용된 자석의 성질을 쓰시오.

▲ 자석 장난감   ▲ 자석 스마트 기기 거치대

1. 자석의 이용

1 _{7종 공통}
다음 중 자석에 붙는 물체끼리 바르게 짝 지은 것은 어느 것입니까? (   )
① 철 못 – 유리컵　　② 비커 – 고무줄
③ 색연필 – 철 클립　④ 철 집게 – 철 용수철
⑤ 철 못 – 알루미늄 캔

2 _{천재교과서, 동아, 미래엔, 비상, 아이스크림}
다음 중 가위의 각 부분에 자석을 대어 보았을 때의 결과로 옳은 것은 어느 것입니까? (   )

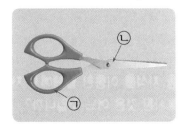

① ㉠ 부분은 자석에 붙는다.
② ㉡ 부분은 자석에 붙는다.
③ ㉠, ㉡ 부분 모두 자석에 붙는다.
④ ㉠, ㉡ 부분 모두 자석에 붙지 않는다.
⑤ 자석의 종류에 따라 붙는 부분이 달라진다.

[3~4] 다음과 같이 철로 만든 애벌레 줄에 막대자석을 가까이 했더니 애벌레 줄이 막대자석에 끌려 왔습니다. 물음에 답하시오.

막대자석

철로 만든 애벌레 줄

3 _{7종 공통}
다음 중 위에서 애벌레 줄 대신 사용했을 때 그 결과가 나머지 넷과 다른 하나는 어느 것입니까? (   )
① 철사　　　　　② 철 클립
③ 유리구슬　　　④ 철 나사못
⑤ 철이 든 빵 끈

4 _{천재교과서, 동아, 미래엔, 아이스크림, 지학사}
다음 중 앞 **3**번의 애벌레 줄과 막대자석 사이에 종이를 넣었을 때의 변화로 옳은 것은 어느 것입니까?
(   )
① 애벌레 줄의 색깔이 변한다.
② 애벌레 줄이 그대로 떠 있다.
③ 애벌레 줄이 바닥에 떨어진다.
④ 애벌레 줄이 위쪽으로 솟아오른다.
⑤ 애벌레 줄이 막대자석에서 밀려 나 공중에 떠 있다.

5 _{7종 공통}
다음 중 자석과 물체 사이에 작용하는 힘에 대한 설명으로 옳은 것은 어느 것입니까? (   )
① 자석은 모든 물체를 끌어당긴다.
② 자석과 철로 된 물체는 서로 밀어 낸다.
③ 자석과 금속으로 만들어진 모든 물체는 서로 끌어당긴다.
④ 자석과 철로 된 물체가 조금 떨어져 있으면 서로 끌어당기지 못한다.
⑤ 자석과 철로 된 물체 사이에 자석에 붙지 않는 물체가 있어도 서로 끌어당긴다.

6 _{7종 공통}
다음 막대자석에서 철 클립이 많이 붙는 부분에 대한 설명으로 옳지 <u>않은</u> 것은 어느 것입니까? (   )

① 막대자석의 극이라고 한다.
② 막대자석의 극은 항상 두 개이다.
③ 막대자석의 극은 양쪽 끝부분에 있다.
④ 막대자석 모든 부분에 철로 된 물체가 많이 붙는다.
⑤ 막대자석에서 철로 된 물체를 당기는 힘이 가장 세다.

7 동아, 지학사

다음 중 오른쪽 말굽 모양 자석에서 자석의 극은 몇 개입니까? ( )

① 없다.
② 한 개
③ 두 개
④ 세 개
⑤ 알 수 없다.

8 7종 공통

다음 중 자석의 극에 대한 설명으로 옳지 <u>않은</u> 것은 어느 것입니까? ( )

① 자석의 극은 항상 두 개이다.
② 동전 모양 자석의 극은 한 개이다.
③ 자석에서 철로 된 물체가 많이 붙는 부분이다.
④ 철로 된 물체를 붙여 자석의 극을 찾을 수 있다.
⑤ 둥근기둥 모양 자석과 막대자석의 극은 양쪽 끝부분에 있다.

9 천재교과서, 지학사

오른쪽과 같이 플라스틱 접시에 막대자석을 올려놓고 물 위에 띄웠습니다. 플라스틱 접시가 움직이지 않을 때 막대자석이 가리키는 방향으로 옳은 것은 어느 것입니까? ( )

① 일정한 방향을 가리키지 않는다.
② 막대자석의 S극은 동쪽을 가리킨다.
③ 막대자석의 S극은 북쪽을 가리킨다.
④ 막대자석의 N극은 서쪽을 가리킨다.
⑤ 막대자석의 N극은 북쪽을 가리킨다.

10 천재교과서, 지학사

다음 중 위 9번 실험을 통해 알 수 있는 자석의 성질을 이용한 물체는 어느 것입니까? ( )

① 가위
② 소화기
③ 나침반
④ 탬버린
⑤ 자석 클립 통

11 7종 공통

다음은 막대자석에 대한 설명입니다. ㉠과 ㉡에 들어갈 알맞은 말을 바르게 짝 지은 것은 어느 것입니까? ( )

> 남쪽을 가리키는 자석의 극은 ㉠ 극이라고 하고, 주로 ㉡ 색으로 표시합니다.

	㉠	㉡		㉠	㉡
①	N	빨간	②	N	파란
③	S	빨간	④	S	파란
⑤	S	보라			

12 7종 공통

다음 중 막대자석 두 개를 마주 보게 하여 가까이 할 때 자석의 움직임에 대한 설명으로 옳은 것은 어느 것입니까? ( )

① N극과 S극을 가까이 하면 서로 밀어 낸다.
② S극과 N극을 가까이 하면 서로 밀어 낸다.
③ 같은 극끼리 가까이 하면 서로 끌어당긴다.
④ 다른 극끼리 가까이 하면 서로 끌어당긴다.
⑤ S극과 S극을 가까이 하면 서로 끌어당긴다.

13 천재교과서, 동아, 미래엔, 비상

다음 ㉠과 ㉡에 들어갈 알맞은 말을 바르게 짝 지은 것은 어느 것입니까? ( )

> 막대자석의 N극을 고리 자석의 한쪽 면에 가까이 할 때 서로 끌어당기면 그 부분의 고리 자석의 극은 ㉠ 극이고, 서로 밀어 내면 그 부분의 고리 자석의 극은 ㉡ 극입니다.

	㉠	㉡		㉠	㉡
①	N	N	②	N	S
③	S	N	④	S	S
⑤	알 수 없는	알 수 없는			

14 천재교과서, 동아, 미래엔, 비상

오른쪽과 같이 고리 자석에 막대자석의 N극을 가까이 가져 갔더니 두 자석이 서로 밀어 냈습니다. 이에 대한 설명으로 옳은 것은 어느 것입니까?

고리 자석

( )

① 고리 자석의 극은 알 수 없다.

② 고리 자석의 윗면은 S극이다.

③ 고리 자석의 윗면은 N극이다.

④ 고리 자석의 아랫면은 N극이다.

⑤ 고리 자석의 아랫면은 극이 없다.

15 천재교과서, 동아, 미래엔, 비상

오른쪽은 고리 자석으로 탑을 쌓은 모습입니다. 이에 대한 설명으로 옳은 것은 어느 것입니까? ( )

S극

① ㉠과 ㉡은 모두 S극이다.

② ㉠은 N극, ㉡은 S극이다.

③ ㉠은 S극, ㉡은 N극이다.

④ ㉠과 ㉡은 서로 같은 극이다.

⑤ ㉠과 ㉡은 서로 다른 극이다.

16 천재교과서, 동아, 미래엔, 비상, 지학사

다음과 같이 나침반을 막대자석 주위에 놓았을 때에 대한 설명으로 옳은 것은 어느 것입니까? ( )

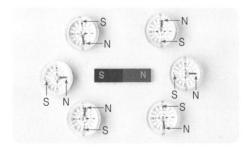

① 나침반 바늘은 막대자석의 가운데를 가리킨다.

② 나침반 바늘의 S극은 막대자석의 S극을 가리킨다.

③ 나침반 바늘의 N극은 막대자석의 S극을 가리킨다.

④ 막대자석 주위에서 나침반 바늘은 북쪽과 남쪽을 가리킨다.

⑤ 나침반 바늘의 빨간색 부분 반대쪽은 막대자석의 S극을 가리킨다.

17 7종 공통

다음 중 앞 16번에서 자석 주위의 나침반 바늘이 가리키는 방향이 달라지는 까닭으로 옳은 것은 어느 것입니까? ( )

① 나침반 바늘도 자석이기 때문이다.

② 나침반 바늘은 항상 동쪽을 가리키기 때문이다.

③ 나침반 바늘이 알루미늄으로 되어 있기 때문이다.

④ 나침반 바늘과 자석의 다른 극끼리는 항상 밀어 내기 때문이다.

⑤ 나침반 바늘과 자석의 같은 극끼리는 항상 끌어 당기기 때문이다.

18 7종 공통

다음 중 자석을 이용한 물체가 아닌 것은 어느 것입니까? ( )

① 나침반　　　　　② 자석 다트

③ 자석 팽이　　　　④ 냉장고 문

⑤ 철이 든 빵 끈

19 7종 공통

다음 중 오른쪽 자석 클립 통에 대한 설명으로 옳지 않은 것은 어느 것입니까? ( )

① ㉠ 부분에 자석이 있다.

② 자석을 이용한 물체이다.

③ 클립을 ㉠ 부분에 고정하여 쉽게 사용할 수 있다.

④ 클립 통이 바닥에 떨어져도 클립이 잘 흩어지지 않는다.

⑤ 자석이 철로 된 물체를 밀어 내는 성질을 이용한 것이다.

20 천재교과서, 아이스크림

다음 중 자석이 철로 된 물체를 끌어당기는 성질을 이용하여 만든 물체가 아닌 것은 어느 것입니까?

( )

① 자석 다트　　　　② 냉장고 문

③ 자석 신발 끈　　　④ 자석 드라이버

⑤ 자석 스마트 기기 거치대

・답안 입력하기　・온라인 피드백 받기

서술형·논술형 평가

1 7종 공통
다음 소화기에 자석을 대어 보았더니 ㄱ과 ㄴ은 자석에 붙지 않고 ㄷ만 자석에 붙었습니다. [총 12점]

(1) 위 ㄱ~ㄷ 중 철로 만들어진 부분을 골라 기호를 쓰시오. [4점]

(   )

(2) 위 (1)번의 답과 같이 생각한 까닭을 쓰시오.
[8점]

_____

_____

2 천재교과서, 지학사
다음과 같이 막대자석을 올려놓은 플라스틱 접시를 물 위에 띄우고 수조 옆에 나침반을 놓았을 때 막대자석과 나침반 바늘이 가리키는 방향에 대해 쓰시오.
[8점]

플라스틱 접시
물이 든 원형 수조
나침반

_____

3 천재교과서, 동아, 미래엔, 비상
극 표시가 되어 있지 않은 고리 자석의 극을 알아보기 위해 다음과 같이 고리 자석의 윗면에 막대자석의 N극을 가까이 했더니 서로 끌어당겼습니다. [총 12점]

 →

(1) 고리 자석의 윗면은 N극과 S극 중 어느 것인지 쓰시오. [4점]

(   )극

(2) 위 (1)번의 답과 같이 생각한 까닭을 쓰시오.
[8점]

_____

_____

4 천재교과서, 아이스크림
다음은 일상생활에서 사용하는 물체들입니다. [총 12점]

ㄱ 　ㄴ

▲ 철 클립　　　　　▲ 자석 신발 끈

(1) 자석을 이용한 물체를 골라 기호를 쓰시오. [4점]

(   )

(2) 위 (1)번의 물체를 자석을 이용하여 만들었을 때의 편리한 점을 쓰시오. [8점]

_____

_____

2. 물의 상태 변화(1)

 개념1 물의 세 가지 상태

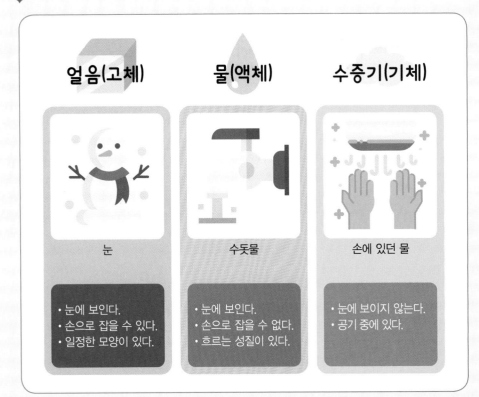

얼음(고체)	물(액체)	수증기(기체)
눈	수돗물	손에 있던 물
• 눈에 보인다. • 손으로 잡을 수 있다. • 일정한 모양이 있다.	• 눈에 보인다. • 손으로 잡을 수 없다. • 흐르는 성질이 있다.	• 눈에 보이지 않는다. • 공기 중에 있다.

개념2 물의 상태 변화

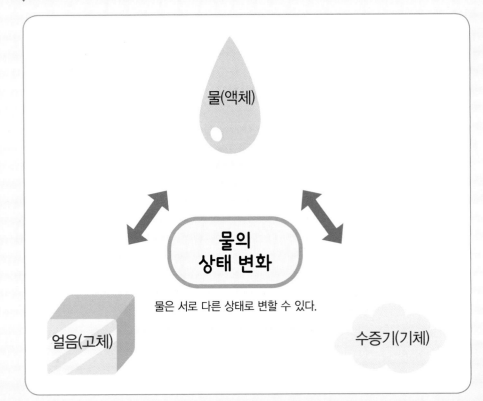

물(액체)

물의 상태 변화

물은 서로 다른 상태로 변할 수 있다.

얼음(고체)   수증기(기체)

1 개념 확인하기

얼음과 물은 눈에 보이고 손으로 잡을 수 있지만, 수증기는 눈에 보이지 않고 손으로 잡을 수 없다.

O ☐   X ☐

2 개념 확인하기

물이 한 가지 상태에서 또 다른 상태로 변하는 현상을 물의 상태 변화라고 한다.

O ☐   X ☐

실력 평가

천재교과서

1 다음 여러 가지 상태의 물 중 눈에 보이고 손으로 잡을 수 있는 것은 어느 것입니까? (   )

① ▲ 고드름   ② ▲ 빗물

③ ▲ 수돗물   ④ 마른 손 ▲ 손에 있던 물

2 다음 보기 에서 우리가 마시고 씻을 때 이용하는 물의 상태를 골라 기호를 쓰시오.

7종 공통

> 보기
> ㉠ 고체   ㉡ 액체   ㉢ 기체

(   )

3 다음 중 물의 세 가지 상태에 대한 설명으로 옳은 것을 두 가지 고르시오. (,   )

7종 공통

① 물과 얼음은 눈에 보인다.

② 수증기는 눈에 보이고 손으로 잡을 수 있다.

③ 얼음은 공기 중에 있고 손으로 잡을 수 없다.

④ 물은 일정한 모양이 있어 손으로 잡을 수 있다.

⑤ 물은 고체인 얼음, 액체인 물, 기체인 수증기의 세 가지 상태로 있다.

서술형·논술형 문제   천재교과서, 동아, 미래엔, 비상, 지학사

4 오른쪽과 같이 따뜻한 손난로 위에 얼음이 담긴 페트리접시를 올렸을 때 페트리접시에서 일어나는 물의 상태 변화를 쓰시오.

얼음

손난로

_____

_____

[5~6] 오른쪽은 물 한 방울을 페트리접시에 떨어뜨린 뒤 따뜻한 손난로 위에 올린 모습 입니다. 물음에 답하시오.

물

손난로

5 위 실험에서 시간이 흐른 뒤 페트리접시를 관찰한 결과로 옳은 것을 보기 에서 골라 기호를 쓰시오.

7종 공통

> 보기
> ㉠ 물이 그대로 있습니다.
> ㉡ 물이 얼음으로 변했습니다.
> ㉢ 눈에 보이는 것이 없습니다.

(   )

6 위 실험에서 관찰할 수 있는 물의 상태 변화에 맞게 ☐ 안에 들어갈 알맞은 말을 쓰시오.

7종 공통

> 물(액체) → ☐

(   )

7 다음 중 빙수가 녹아 물이 될 때 물의 상태 변화로 옳은 것은 어느 것입니까? (   )

7종 공통

① 액체 → 고체   ② 액체 → 기체

③ 액체 → 액체   ④ 고체 → 액체

⑤ 기체 → 액체

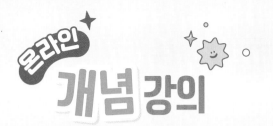

온라인 개념 강의

정답 • 21쪽

개념 강의

2. 물의 상태 변화(2)

개념1 물이 얼 때와 얼음이 녹을 때의 변화

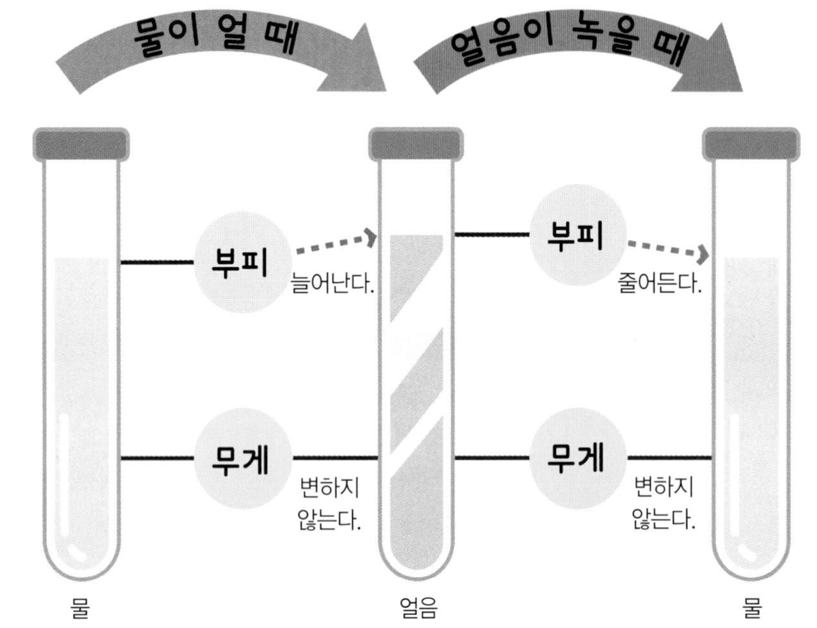
물이 얼 때
얼음이 녹을 때
부피
늘어난다.
부피
줄어든다.
무게
변하지 않는다.
무게
변하지 않는다.
물
얼음
물

개념2 증발과 끓음

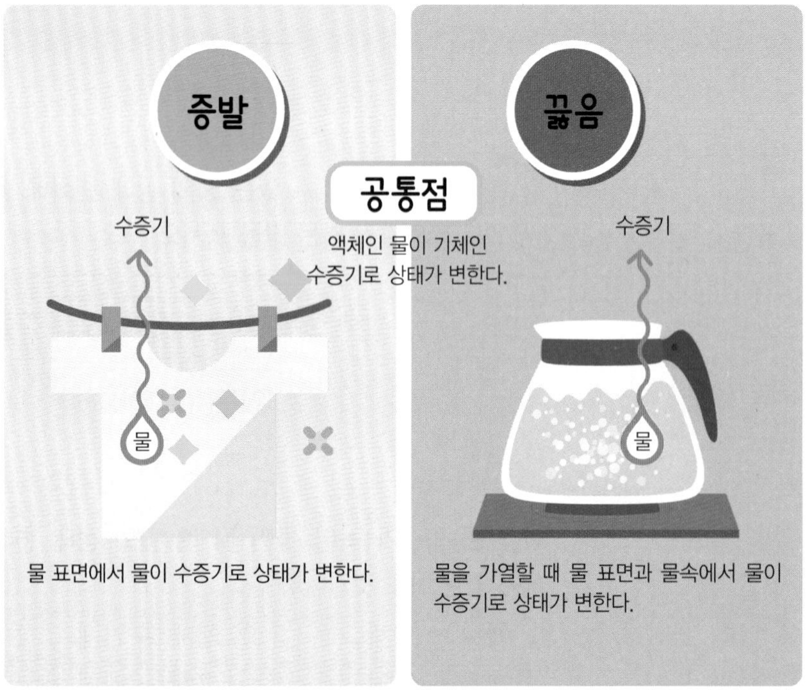
증발
끓음
공통점
액체인 물이 기체인 수증기로 상태가 변한다.
수증기
물
수증기
물
물 표면에서 물이 수증기로 상태가 변한다.
물을 가열할 때 물 표면과 물속에서 물이 수증기로 상태가 변한다.

1 개념 확인하기

물이 얼면 부피가 줄어들고, 얼음이 녹아 물이 되면 부피가 늘어난다.

○ ☐ × ☐

2 개념 확인하기

물이 증발하거나 끓을 때 액체인 물은 기체인 수증기로 상태가 변해 공기 중으로 흩어진다.

○ ☐ × ☐

실력 평가

[1~2] 다음은 물이 얼기 전과 언 후의 모습입니다. 물음에 답하시오.

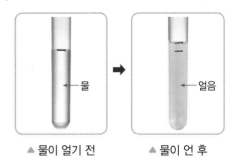

▲ 물이 얼기 전   ▲ 물이 언 후

7종 공통

1 다음 중 위 실험 결과에 대한 설명으로 옳은 것을 두 가지 고르시오. (,   )

① 물이 얼면 부피가 늘어난다.
② 물이 얼면 부피가 줄어든다.
③ 물이 얼면 물의 높이가 높아진다.
④ 물이 얼면 물의 높이가 낮아진다.
⑤ 물이 얼 때 부피는 변하지 않는다.

7종 공통

2 다음은 위 실험에서 물이 얼기 전과 언 후에 시험관의 무게를 각각 측정한 결과입니다. ㉠에 들어갈 무게를 예상하여 쓰시오.

구분	물이 얼기 전	물이 언 후
무게	9.7 g	㉠

(   ) g

7종 공통

3 다음은 얼음이 녹을 때의 무게와 부피 변화에 대한 설명입니다. ㉠, ㉡에 들어갈 알맞은 말을 각각 쓰시오.

얼음이 녹아 물이 될 때 무게는 ㉠ , 부피는 ㉡ .

㉠ (   ) ㉡ (   )

천재교과서, 동아, 미래엔, 지학사

4 오른쪽과 같이 물이 가득 든 페트병을 냉동실에 넣어 얼렸을 때 페트병의 변화를 변화가 나타나는 까닭과 함께 쓰시오.

_____

_____

천재교과서

5 다음과 같이 물로 글자를 쓴 거름종이 두 장 중 한 장만 지퍼 백에 넣어 입구를 막고, 두 거름종이를 햇빛이 잘 드는 곳에 두었을 때 증발이 일어나 글자가 보이지 않는 것을 골라 기호를 쓰시오.

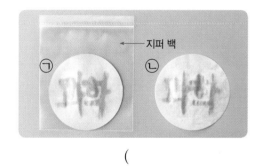

(   )

7종 공통

6 다음 보기 에서 물이 끓을 때 나타나는 현상으로 옳은 것을 골라 기호를 쓰시오.

보기
㉠ 물의 양은 변하지 않습니다.
㉡ 많은 양의 기포가 생깁니다.
㉢ 물 표면에서만 물이 수증기로 변합니다.

(   )

7종 공통

7 다음 중 증발의 예로 옳은 것은 어느 것입니까?
(   )

① 달걀을 삶는다.
② 냄비에 찌개를 끓인다.
③ 젖어 있던 길이 마른다.
④ 손바닥에 올려놓은 얼음이 녹는다.
⑤ 겨울철에 수도관에 연결된 계량기가 깨진다.

2. 물의 상태 변화(3)

개념1 응결

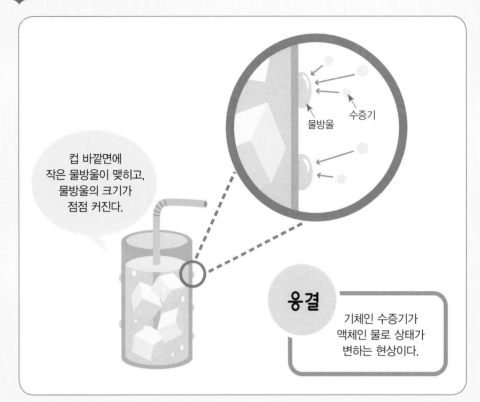

수증기

물방울

컵 바깥면에
작은 물방울이 맺히고,
물방울의 크기가
점점 커진다.

응결

기체인 수증기가
액체인 물로 상태가
변하는 현상이다.

1 개념 확인하기

공기 중 수증기가 차가운 물체에 닿아 얼음으로 변하는 현상을 응결이라고 한다.

○ ☐   ✕ ☐

개념2 물 부족 원인과 물을 얻는 장치

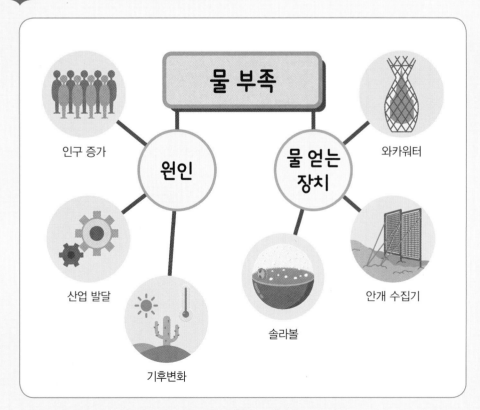

물 부족

원인

물 얻는 장치

인구 증가

산업 발달

기후변화

와카워터

안개 수집기

솔라볼

2 개념 확인하기

물의 상태 변화를 이용한 장치를 만들어 물을 얻을 수 있다.

○ ☐   ✕ ☐

실력 평가

[1~2] 다음은 비커 두 개에 식용색소 탄 물을 담은 뒤, 한 개의 비커에만 얼음을 넣은 모습입니다. 물음에 답하시오.

ㄱ

▲ 식용색소를 탄 물

ㄴ

▲ 식용색소를 탄 물 + 얼음

1 7종 공통

위 실험에서 시간이 지난 뒤 비커의 바깥면에 물방울이 맺히는 것을 골라 기호를 쓰시오.

( )

2 7종 공통

위 1번 답의 비커 바깥면에 맺힌 물방울에 대해 바르게 말한 친구의 이름을 쓰시오.

> 동우: 비커 안의 물이 새어 나온 거야.
> 현재: 공기 중의 수증기가 응결한 거야.
> 정빈: 물이 고체에서 액체로 상태가 변한 거야.

( )

3 7종 공통

다음 중 응결과 관련된 예가 <u>아닌</u> 것은 어느 것입니까? ( )

①
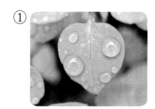
▲ 이른 아침 풀잎 표면에 맺힌 물방울

②

▲ 겨울철 따뜻한 방 유리창 안쪽에 맺힌 물방울

③

▲ 차가운 컵 바깥면에 맺힌 물방울

④

▲ 봄이 되어 녹아 흐르는 계곡물

4 오른쪽과 같이 따뜻한 음식이 담긴 냄비 뚜껑 안쪽에 물방울이 맺힌 까닭을 물의 상태 변화와 관련지어 쓰시오.

_____

_____

5 천재교과서, 미래엔, 비상

다음과 같은 물의 상태 변화를 이용해 물을 얻는 장치를 두 가지 고르시오. (,)

> 더러운 물질이 섞인 물이 증발해 수증기로 상태가 변했다가 다시 깨끗한 물로 응결하는 현상을 이용합니다.

①

▲ 안개 수집기

②

▲ 솔라볼

③

▲ 와카워터

④

▲ 엘리오도메스티코 증류기

6 천재교과서, 동아

다음 중 생활에서 물을 아껴 쓰는 방법으로 옳은 것을 보기 에서 골라 기호를 쓰시오.

> **보기**
> ㉠ 양치할 때 컵을 사용합니다.
> ㉡ 세수할 때 물을 계속 틀어 놓습니다.
> ㉢ 빨랫감이 생기면 바로 빨래를 합니다.

( )

단원 평가

정답·22쪽

풀이 강의

2. 물의 상태 변화

천재교과서

1 다음 중 오른쪽과 같은 상태의 물에 대한 설명으로 옳지 <u>않은</u> 것은 어느 것입니까?

( )

▲ 조각상을 만든 얼음

① 눈에 보인다.
② 고체인 얼음이다.
③ 흐르는 성질이 있다.
④ 일정한 모양이 있다.
⑤ 손으로 잡을 수 있다.

7종 공통

2 다음 중 물의 세 가지 상태를 바르게 나타낸 것은 어느 것입니까? ( )

	물	얼음	수증기
①	고체	액체	기체
②	고체	기체	액체
③	액체	고체	기체
④	액체	기체	고체
⑤	기체	고체	액체

천재교과서

3 다음 중 액체인 물은 어느 것입니까? ( )

①
▲ 눈

②
▲ 빗물

③
▲ 고드름

④
▲ 빨래에 있던 물

천재교과서, 동아, 미래엔, 비상, 지학사

4 다음 중 오른쪽의 얼음이 담긴 페트리접시를 따뜻한 손난로 위에 올린 뒤의 변화로 옳은 것은 어느 것입니까?

( )

① 얼음이 녹아 물이 된다.
② 얼음의 크기가 더 커진다.
③ 얼음의 상태는 변하지 않는다.
④ 기체에서 고체로 상태가 변한다.
⑤ 액체에서 고체로 상태가 변한다.

7종 공통

5 다음과 같이 물 한 방울을 페트리접시에 떨어뜨린 뒤, 따뜻한 손난로 위에 올렸을 때 나타나는 물의 상태 변화로 옳은 것은 어느 것입니까? ( )

손난로   물

① 고체 → 액체   ② 액체 → 고체
③ 액체 → 기체   ④ 액체 → 액체
⑤ 기체 → 액체

7종 공통

6 다음 중 물이 액체에서 고체로 상태가 변하는 경우는 어느 것입니까? ( )

① 빙수가 녹아 물이 된다.
② 물걸레질을 한 바닥의 물이 마른다.
③ 주전자의 물이 끓어 수증기가 된다.
④ 봄이 되어 꽁꽁 얼어 있던 호수가 녹는다.
⑤ 물이 담긴 페트병을 냉동실에 넣어 얼린다.

7 _{7종 공통} 다음 중 오른쪽과 같이 햇볕을 받은 고드름이 녹을 때의 변화에 대한 설명으로 옳은 것은 어느 것입니까?

( )

① 고드름이 다시 언다.

② 고체에서 액체로 상태가 변한다.

③ 액체에서 고체로 상태가 변한다.

④ 고드름이 녹으면 바로 수증기가 된다.

⑤ 고드름이 녹을 때 상태 변화는 나타나지 않는다.

[8~9] 시험관에 물을 반쯤 넣고 마개를 닫은 뒤, 오른쪽과 같이 소금을 섞은 얼음 가운데 시험관을 꽂아 물을 얼렸습니다. 물음에 답하시오.

← 물

← 소금을 섞은 얼음

8 _{7종 공통} 다음 중 위 실험에서 물이 얼 때 무게 변화와 부피 변화를 바르게 나타낸 것은 어느 것입니까? ( )

	무게 변화	부피 변화
①	줄어든다.	줄어든다.
②	줄어든다.	늘어난다.
③	늘어난다.	줄어든다.
④	변화 없다.	늘어난다.
⑤	변화 없다.	줄어든다.

9 _{7종 공통} 다음 중 위 실험과 관련된 현상이 <u>아닌</u> 것은 어느 것입니까? ( )

① 젖은 빨래를 널어 두면 마른다.

② 냉동실에 넣어 둔 물이 든 페트병이 부푼다.

③ 추운 겨울날 수도관에 연결된 계량기가 깨진다.

④ 냉동실에 넣어 둔 물이 가득 찬 유리병이 깨진다.

⑤ 얼음 틀에 물을 가득 채워 얼리면 얼음이 서로 붙는다.

10 _{7종 공통} 다음 중 얼음이 녹아 물이 될 때의 무게 변화에 대한 설명으로 옳은 것은 어느 것입니까? ( )

① 무게가 줄어든다.

② 무게가 늘어난다.

③ 무게는 변하지 않는다.

④ 무게가 늘어났다가 다시 줄어든다.

⑤ 무게가 줄어들었다가 다시 늘어난다.

11 _{7종 공통} 다음 중 오른쪽과 같이 튜브에 든 얼음과자가 녹으면 튜브 안에 공간이 생기는 까닭으로 옳은 것은 어느 것입니까?

( )

▲ 녹기 전   ▲ 녹은 후

① 얼음이 녹을 때 무게가 줄어들기 때문이다.

② 얼음이 녹을 때 부피가 늘어나기 때문이다.

③ 얼음이 녹을 때 부피가 줄어들기 때문이다.

④ 얼음이 녹을 때 부피가 변하지 않기 때문이다.

⑤ 공기 중의 수증기가 튜브 바깥면에 닿아 물방울로 변하기 때문이다.

12 _{천재교과서} 오른쪽과 같이 거름종이에 물로 글자를 쓴 뒤 햇빛이 잘 드는 곳에 10분 정도 두면 글자가 보이지 않습니다. 이 현상과 관련 있는 것은 어느 것입니까? ( )

① 얼음   ② 녹음   ③ 증발

④ 끓음   ⑤ 응결

13 _{천재교과서} 위 **12**번 답과 같은 현상이 나타날 때 물의 상태 변화로 옳은 것은 어느 것입니까? ( )

① 고체 → 액체   ② 액체 → 고체

③ 기체 → 기체   ④ 기체 → 액체

⑤ 액체 → 기체

14 천재교과서, 동아, 아이스크림, 지학사

다음 중 생활에서 증발을 이용하는 예가 <u>아닌</u> 것은 어느 것입니까? (   )

① 감 말리기
② 달걀 삶기
③ 고추 말리기
④ 미역 말리기
⑤ 젖은 빨래 말리기

15 7종 공통

다음 중 오른쪽과 같이 물이 끓을 때 나타나는 변화로 옳은 것은 어느 것입니까?
(   )

① 물 표면이 잔잔하다.
② 물의 높이가 높아진다.
③ 물의 양은 변화가 없다.
④ 물 표면과 물속에서 기포가 생긴다.
⑤ 물 표면에서만 물이 수증기로 변한다.

16 7종 공통

다음 중 물이 증발할 때와 끓을 때의 공통적인 상태 변화로 옳은 것은 어느 것입니까? (   )

① 고체 → 액체
② 액체 → 고체
③ 액체 → 액체
④ 액체 → 기체
⑤ 기체 → 액체

17 7종 공통

다음 중 오른쪽과 같이 식용색소 탄 물이 든 비커에 얼음을 넣었을 때 비커 바깥면에서 나타나는 변화로 옳은 것은 어느 것입니까? (   )

① 아무런 변화가 없다.
② 물이 얼음으로 변한다.
③ 물방울이 맺히고 점점 커진다.
④ 물방울이 맺혔다가 바로 증발한다.
⑤ 식용색소를 탄 물이 새어 나와 맺힌다.

18 7종 공통

다음 중 응결과 관련된 예로 옳은 것은 어느 것입니까?
(   )

①
▲ 겨울철 따뜻한 방 유리창 안쪽에 물방울이 맺힘.

②
▲ 얼린 요구르트병의 마개가 튀어나옴.

③
▲ 머리카락을 말림.

④
스팀다리미
▲ 다림질을 함.

19 천재교과서, 동아, 미래엔

다음 중 물이 부족한 원인으로 옳은 것을 보기 에서 골라 바르게 짝 지은 것은 어느 것입니까? (   )

보기
㉠ 인구 감소
㉡ 산업 발달
㉢ 여름철 장마
㉣ 심각한 기후변화

① ㉠, ㉡
② ㉠, ㉢
③ ㉡, ㉢
④ ㉡, ㉣
⑤ ㉢, ㉣

20 천재교과서, 동아, 아이스크림, 지학사

다음 중 오른쪽의 와카워터를 이용하여 물을 얻는 방법과 관련 있는 것은 어느 것입니까? (   )

① 증발
② 응결
③ 끓음
④ 증발, 응결
⑤ 끓음, 응결

・답안 입력하기 ・온라인 피드백 받기

1 7종 공통
다음은 물 한 방울을 페트리접시에 떨어뜨린 뒤, 따뜻한 손난로 위에 올렸을 때의 변화 모습입니다. [총 12점]

손난로   물   눈에 보이지 않음.

▲ 물을 떨어뜨린 직후   ▲ 시간이 흐른 후

(1) 위 실험에서 물은 시간이 흐른 후 무엇으로 변하였는지 쓰시오. [4점]

(   )

(2) 위 실험에서 나타나는 물의 상태 변화를 쓰시오. [8점]

_____

_____

2 천재교과서, 동아, 미래엔, 지학사
다음과 같이 물이 얼어 있는 페트병을 냉동실에서 꺼내 놓고 완전히 녹였습니다. [총 12점]

▲ 얼음이 녹기 전   ▲ 얼음이 녹은 후

(1) 얼음이 완전히 녹은 후 페트병의 크기는 처음과 비교하여 어떻게 변하는지 쓰시오. [4점]

(   )

(2) 위 (1)번의 답과 같이 쓴 까닭을 쓰시오. [8점]

_____

3 7종 공통
다음은 생활에서 증발과 끓음을 이용하는 예입니다. 물이 증발할 때와 끓을 때의 공통점을 물의 상태 변화와 관련지어 쓰시오. [8점]

▲ 감 말리기   ▲ 국 끓이기

_____

_____

2
단원

진도 완료
Check!

4 7종 공통
다음은 차가운 컵 바깥면에 물방울이 맺힌 모습입니다. [총 12점]

(1) 위의 컵 바깥면에 맺힌 물방울은 어디에서 온 것인지 쓰시오. [4점]

(   )

(2) 위의 컵 바깥면에 물방울이 맺힌 까닭을 물의 상태 변화와 관련지어 쓰시오. [8점]

_____

_____

개념1 흐르는 물의 작용

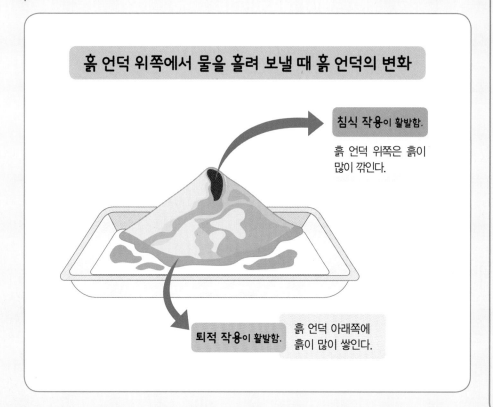

흙 언덕 위쪽에서 물을 흘려 보낼 때 흙 언덕의 변화

침식 작용이 활발함.
흙 언덕 위쪽은 흙이 많이 깎인다.

퇴적 작용이 활발함. 흙 언덕 아래쪽에 흙이 많이 쌓인다.

1 개념 확인하기

흙 언덕 위쪽에서 물을 흘려 보내면 흙 언덕 위쪽에서 깎인 흙이 이동하여 흙 언덕 아래쪽에 쌓인다.

O ☐   X ☐

개념2 강 주변 지형의 특징

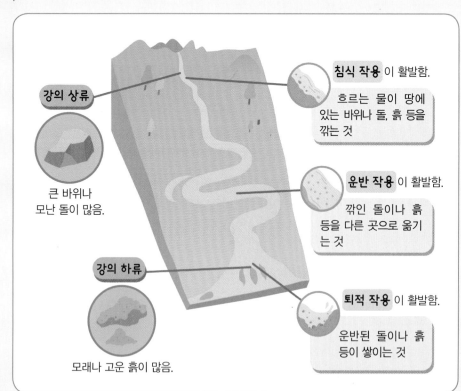

강의 상류
큰 바위나 모난 돌이 많음.

강의 하류
모래나 고운 흙이 많음.

침식 작용 이 활발함.
흐르는 물이 땅에 있는 바위나 돌, 흙 등을 깎는 것

운반 작용 이 활발함.
깎인 돌이나 흙 등을 다른 곳으로 옮기는 것

퇴적 작용 이 활발함.
운반된 돌이나 흙 등이 쌓이는 것

2 개념 확인하기

강의 상류는 강폭이 좁고 경사가 급하며 퇴적 작용이 활발하다.

O ☐   X ☐

실력 평가

[1~3] 오른쪽과 같이 흙 언덕을 만들고 흙 언덕 위쪽에서 물을 흘려 보냈습니다. 물음에 답하시오.

색 모래 →

1 다음은 색 모래의 이동 방향에 대한 설명입니다. ㉠, ㉡에 들어갈 알맞은 말을 각각 쓰시오.

> 색 모래는 흙 언덕의 ㉠ 에서 ㉡ (으)로 이동합니다.

㉠ (   ) ㉡ (   )

2 다음 중 위 실험에 대한 설명으로 옳은 것은 어느 것입니까? (   )

① 흙 언덕 위쪽은 경사가 완만하다.
② 흙 언덕 아래쪽은 경사가 급하다.
③ 흙 언덕 위쪽은 퇴적 작용이 활발하게 일어난다.
④ 흙 언덕 아래쪽은 침식 작용이 활발하게 일어난다.
⑤ 물을 흘려 보냈을 때 흙이 깎이는 곳도 있고 흙이 쌓이는 곳도 있다.

서술형·논술형 문제

3 위 실험에서 흙 언덕의 모습이 변한 까닭을 쓰시오.

_____

_____

4 다음은 무엇에 대한 설명인지 쓰시오.

> • 주로 경사가 급한 곳에서 활발하게 일어납니다.
> • 흐르는 물이 땅에 있는 바위나 돌, 흙 등을 깎는 것을 말합니다.

(   )

5 다음은 강 주변의 모습을 나타낸 것입니다. ㉠과 ㉡ 중 강폭이 좁고 경사가 급하며 침식 작용이 활발하게 일어나는 곳의 기호를 쓰시오.

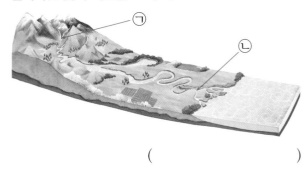

(   )

6 다음과 같은 강 주변 지형에 대한 설명으로 옳지 않은 것을 두 가지 고르시오. (,   )

㉠

㉡

▲ 강의 경사가 급함.   ▲ 강의 경사가 완만함.

① ㉡보다 ㉠에 마을이 많이 발달한다.
② ㉠은 강의 상류에서 볼 수 있는 모습이다.
③ ㉡은 강의 하류에서 볼 수 있는 모습이다.
④ ㉠에서는 침식 작용이 활발하게 일어난다.
⑤ ㉡에서는 운반 작용이 활발하게 일어난다.

7 다음 중 강의 하류에서 많이 볼 수 있는 모습으로 옳은 것을 골라 기호를 쓰시오.

㉠

㉡

▲ 바위   ▲ 모래

(   )

3 단원

3. 땅의 변화(2)

개념1 화산 분출물의 특징

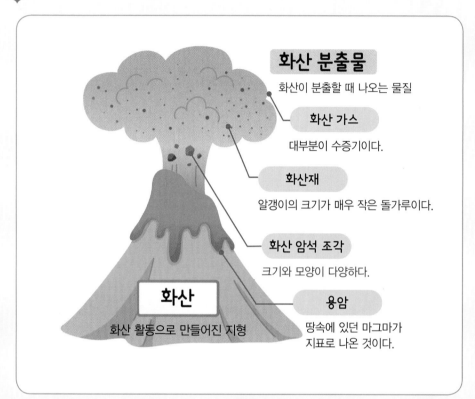

화산 분출물
화산이 분출할 때 나오는 물질

화산 가스
대부분이 수증기이다.

화산재
알갱이의 크기가 매우 작은 돌가루이다.

화산 암석 조각
크기와 모양이 다양하다.

화산
화산 활동으로 만들어진 지형

용암
땅속에 있던 마그마가 지표로 나온 것이다.

개념2 현무암과 화강암의 특징

현무암

화강암

색깔 밝은색
만들어지는 장소 땅속 깊은 곳
알갱이 크기 크다.

마그마가 땅속 깊은 곳에서 서서히 식어서 만들어지기 때문이다.

색깔 어두운 색
만들어지는 장소 지표 가까운 곳
알갱이 크기 매우 작다.

마그마가 지표 가까이에서 빠르게 식어서 만들어지기 때문이다.

---

1 개념 확인하기

땅속에 있던 마그마가 지표로 나온 것을 용암이라고 한다.

O ☐   X ☐

2 개념 확인하기

마그마가 땅속 깊은 곳에서 서서히 식어서 만들어진 암석은 알갱이의 크기가 작다.

O ☐   X ☐

실력 평가

7종 공통

1 다음은 마그마와 관련된 설명입니다. ☐ 안에 들어갈 알맞은 말을 쓰시오.

> 땅속 깊은 곳에서 암석이 녹아 만들어진 마그마가 땅 위로 분출하여 만들어진 지형을 ☐(이)라고 합니다.

(   )

7종 공통

2 다음 중 화산에 대한 설명으로 옳은 것은 어느 것입니까? (   )

① 우리나라에는 화산이 없다.

② 한라산과 설악산은 화산이다.

③ 산봉우리가 길게 연결되어 있다.

④ 크기와 생김새가 거의 비슷하다.

⑤ 꼭대기에 대부분 움푹 파인 곳이 있다.

[3~4] 다음은 화산 활동 모형실험의 과정과 결과를 나타낸 것입니다. 물음에 답하시오.

 가열 장치

천재교과서, 미래엔

3 위 모형실험의 결과에 대한 설명으로 옳지 <u>않은</u> 것을 보기 에서 골라 기호를 쓰시오.

> ┌ 보기 ┐
> ㉠ 화산 활동 모형 윗부분에서 연기가 납니다.
> ㉡ 흘러나온 마시멜로는 시간이 지나도 굳지 않습니다.
> ㉢ 화산 활동 모형 윗부분에서 녹은 마시멜로가 흘러나옵니다.

(   )

천재교과서, 미래엔

4 다음은 앞의 모형실험과 실제 화산 활동을 비교한 것입니다. ㉠과 ㉡에 들어갈 알맞은 화산 분출물을 각각 쓰시오.

> 모형실험에서 흐르는 마시멜로는 실제 화산 활동의 ㉠ 에 해당하고, 윗부분에서 나오는 연기는 ㉡ 에 해당합니다.

㉠ (   ) ㉡ (   )

7종 공통

5 다음 화산 분출물 중 액체 상태인 것은 어느 것입니까? (   )

① 용암   ② 수증기

③ 화산재   ④ 화산 가스

⑤ 화산 암석 조각

7종 공통

6 다음은 화강암과 현무암 중 어느 암석에 대한 설명인지 쓰시오.

> • 알갱이의 크기가 작고 색깔이 어둡습니다.
> • 표면에 구멍이 있는 것도 있고 없는 것도 있습니다.

(   )

서술형 • 논술형 문제   7종 공통

7 다음과 같이 화성암을 화강암과 현무암으로 구분하는 기준을 쓰시오.

▲ 화강암   ▲ 현무암

_____

_____

3. 땅의 변화(3)

개념1 화산 활동이 우리에게 주는 영향

화산 활동의 이로운 점

관광지 개발

온천 개발

화산

화산 활동의 피해

용암이 일으킨 산불

비행기 운항 중단

1 개념 확인하기

화산재가 쌓인 땅이 오랜 시간이 지나 농작물이 잘 자라는 땅으로 변하는 것은 화산 활동이 우리에게 주는 피해 이다.

O ☐   X ☐

개념2 지진이 발생했을 때 대처 방법

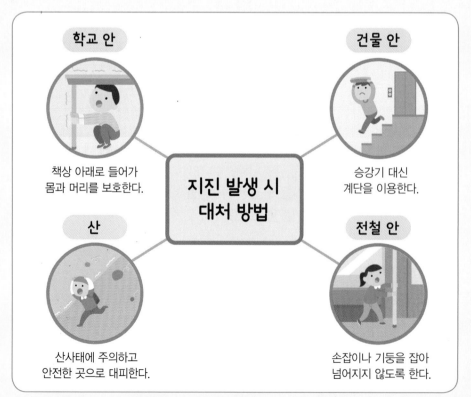

학교 안

책상 아래로 들어가 몸과 머리를 보호한다.

건물 안

승강기 대신 계단을 이용한다.

지진 발생 시 대처 방법

산

산사태에 주의하고 안전한 곳으로 대피한다.

전철 안

손잡이나 기둥을 잡아 넘어지지 않도록 한다.

2 개념 확인하기

장소와 상황에 맞는 대처 방법에 따라 침착하게 행동하면 지진의 피해를 줄일 수 있다.

O ☐   X ☐

실력 평가

7종 공통

1 다음은 어떤 화산 분출물이 우리에게 주는 영향에 대한 설명인지 쓰시오.

> • 비행기 고장을 일으키거나 운항을 중단시키기도 합니다.
> • 화산 분출물이 쌓인 후 오래 지나면 농작물이 잘 자랄 수 있는 땅으로 변합니다.

( )

7종 공통

2 다음 중 화산 활동이 우리에게 주는 이로움이 <u>아닌</u> 것을 두 가지 고르시오. (,)

① 용암이 흘러 산불이 발생한다.
② 화산 주변에 온천을 개발한다.
③ 화산 주변 지형을 관광지로 개발한다.
④ 화산 주변의 열을 이용하여 전기를 생산한다.
⑤ 화산 가스가 호흡기 질병을 일으키기도 한다.

천재교과서, 비상

3 다음 보기 에서 화산 활동에 대한 대처 방법으로 옳은 것을 골라 기호를 쓰시오.

> 보기
> ㉠ 마스크, 의약품 등을 미리 준비해 둡니다.
> ㉡ 화산재가 떨어진 후 문과 창문을 닫습니다.
> ㉢ 야외에 있을 때 화산이 분출하면 용암을 피해 낮은 곳으로 대피합니다.

( )

7종 공통

4 다음은 지진 발생 시 대처 방법입니다. ☐ 안에 들어갈 알맞은 말을 쓰시오.

> 지진은 매우 ☐ 시간 동안 발생하기 때문에 장소와 상황에 맞는 대처 방법에 따라 침착하게 행동하면 피해를 줄일 수 있습니다.

( )

7종 공통

5 다음 중 지진에 대한 설명으로 옳지 <u>않은</u> 것은 어느 것입니까? ( )

① 땅이 흔들리는 현상이다.
② 우리나라는 지진이 거의 발생하지 않는다.
③ 지진이 발생하면 산사태가 발생하기도 한다.
④ 지진이 발생하면 지진 해일이 생기기도 한다.
⑤ 지진이 발생하면 인명 피해가 발생하기도 한다.

7종 공통

6 다음과 같이 집 안에 있을 때 지진이 발생한 경우 대처 방법으로 옳은 것을 보기 에서 골라 기호를 쓰시오.

▲ 지진으로 흔들릴 때 　　　　▲ 흔들림이 멈추었을 때

> 보기
> ㉠ 지진으로 흔들릴 때는 탁자 아래로 들어가 탁자 다리를 꼭 잡고 머리와 몸을 보호합니다.
> ㉡ 흔들림이 멈추면 가스 밸브를 열고 전원을 켠 후 문을 열어 나갈 수 있게 합니다.
> ㉢ 흔들림이 멈추면 계단 대신 승강기를 이용하여 건물 밖으로 나갑니다.

( )

3단원

진도 완료 Check!

서술형·논술형 문제　7종 공통

7 오른쪽과 같이 승강기 안에 있을 때 지진이 발생한 경우 알맞은 대처 방법을 쓰시오.

_____

_____

[1~2] 다음과 같이 흙 언덕을 만들고 흙 언덕 위쪽에서 물을 흘려 보냈습니다. 물음에 답하시오.

물
색 모래

7종 공통

1 위 실험에서 흙이 이동하는 모습을 쉽게 관찰하기 위해 사용한 것은 어느 것입니까? (   )

① 물   ② 비커   ③ 큰 쟁반
④ 색 모래   ⑤ 실험용 장갑

7종 공통

2 위 실험의 결과에 대한 설명으로 옳지 <u>않은</u> 것은 어느 것입니까? (   )

① 흙 언덕 위쪽은 흙이 많이 깎인다.
② 흙 언덕 아래쪽에 흙이 많이 쌓인다.
③ 흐르는 물에 의해 흙 언덕의 모습이 변한다.
④ 흙은 물이 흐르는 방향과 반대 방향으로 이동한다.
⑤ 색 모래는 흙 언덕 위쪽에서 아래쪽으로 이동한다.

7종 공통

3 다음 중 퇴적 작용에 대한 설명으로 옳은 것은 어느 것입니까? (   )

① 주로 경사가 급한 곳에서 잘 일어난다.
② 운반된 돌이나 흙 등이 쌓이는 것이다.
③ 땅에 있는 바위나 돌, 흙 등을 깎는 것이다.
④ 흙 언덕의 위쪽에서 주로 나타나는 현상이다.
⑤ 깎인 돌이나 흙 등을 다른 곳으로 옮기는 것이다.

7종 공통

4 다음 중 강의 상류에 대한 설명으로 옳은 것은 어느 것입니까? (   )

① 강폭이 넓다.
② 마을이 발달한다.
③ 경사가 완만하다.
④ 큰 바위나 모난 돌이 많다.
⑤ 퇴적 작용이 활발하게 일어난다.

7종 공통

5 다음은 흐르는 물이 지표를 변화시키는 과정에 대한 설명입니다. ㉠과 ㉡에 들어갈 알맞은 말을 바르게 짝 지은 것은 어느 것입니까? (   )

> 흐르는 물은 높은 곳의 바위나 돌, 흙 등을 ㉠ 낮은 곳으로 운반하여 ㉡ 놓습니다.

	㉠	㉡		㉠	㉡
①	쌓아	깎아	②	쌓아	쌓아
③	깎아	쌓아	④	깎아	깎아
⑤	쌓아	모아			

7종 공통

6 다음 중 강의 상류에서 볼 수 있는 모습으로 옳은 것은 어느 것입니까? (   )

①    ②

③    ④

7종 공통

7 오른쪽 백두산에 대한 설명으로 옳지 <u>않은</u> 것은 어느 것입니까? (   )

① 화산이다.
② 뾰족한 산봉우리가 많다.
③ 산꼭대기에 분화구가 있다.
④ 산꼭대기가 움푹 파여 있다.
⑤ 산꼭대기에 물이 고여 만들어진 호수가 있다.

8 다음 중 화산이 <u>아닌</u> 산은 어느 것입니까?

( )

①
▲ 한라산

②
▲ 마욘산(필리핀)

③
▲ 베수비오산(이탈리아)

④
▲ 설악산

7종 공통

9 다음 중 화산 분출물에 대한 설명으로 옳지 <u>않은</u> 것은 어느 것입니까? ( )

① 화산 가스는 대부분 수증기이다.

② 용암은 검붉은색으로 매우 뜨겁다.

③ 화산 암석 조각은 크기가 다양하다.

④ 화산 가스는 한 가지 기체로만 이루어져 있다.

⑤ 화산재는 화산 가스와 섞여서 분출되기도 한다.

7종 공통

10 다음 중 용암에 대한 설명으로 옳지 <u>않은</u> 것은 어느 것입니까? ( )

▲ 용암

① 액체 상태이다.

② 지표로 흐른다.

③ 화산이 분출할 때 나오는 물질이다.

④ 다른 화산 분출물보다 온도가 매우 낮다.

⑤ 땅속에 있던 마그마가 지표로 나온 것이다.

[11~12] 다음은 화산 활동 모형실험의 과정을 나타낸 것입니다. 물음에 답하시오.

1 쿠킹 컵에 마시멜로를 넣고 붉은색 식용색소를 뿌립니다.

2 쿠킹 컵 위쪽을 오므려 화산 활동 모형을 만듭니다.

3 은박 접시 위에 화산 활동 모형을 올립니다.

4 가열 장치로 은박 접시를 가열합니다.

천재교과서, 미래엔

11 위의 1 에서 식용색소는 무엇을 나타내기 위해 사용하는 것입니까? ( )

① 용암

② 화산재

③ 수증기

④ 화산 가스

⑤ 화산 암석 조각

천재교과서, 미래엔

12 위 실험 결과에 대한 설명으로 옳지 <u>않은</u> 것은 어느 것입니까? ( )

① 화산 활동 모형의 윗부분에서 연기가 난다.

② 흘러나온 마시멜로는 시간이 지나면 굳는다.

③ 화산 활동 모형실험은 짧은 시간 동안 일어난다.

④ 화산 활동 모형의 윗부분에서 돌덩어리가 튀어나온다.

⑤ 화산 활동 모형의 윗부분에서 녹은 마시멜로가 흘러나온다.

7종 공통

13 다음 중 오른쪽 화강암에 대한 설명으로 옳은 것은 어느 것입니까? ( )

① 어두운 색이다.

② 알갱이의 크기가 작다.

③ 표면에 구멍이 뚫려 있는 것도 있다.

④ 지표 가까이에서 만들어진 암석이다.

⑤ 땅속 깊은 곳에서 만들어진 암석이다.

14 다음 중 화강암과 현무암의 알갱이 크기가 다른 까닭으로 옳은 것은 어느 것입니까? (   )

① 마그마의 종류가 다르기 때문이다.

② 마그마의 색깔이 다르기 때문이다.

③ 암석이 만들어지는 양이 다르기 때문이다.

④ 암석이 만들어지는 장소가 다르기 때문이다.

⑤ 암석이 만들어질 때의 날씨가 다르기 때문이다.

15 다음 중 화산 활동이 우리에게 주는 피해가 <u>아닌</u> 것은 어느 것입니까? (   )

① 용암이 흘러 산불이 발생한다.

② 화산재가 비행기 고장을 일으킨다.

③ 화산 가스 때문에 숨쉬기가 어려워진다.

④ 화산재가 햇빛을 가려 날씨 변화를 일으킨다.

⑤ 화산 주변의 열을 이용하여 전기를 생산한다.

16 다음 지진의 피해 사례를 보고 알 수 있는 내용으로 옳은 것은 어느 것입니까? (   )

> 2023년 2월에 튀르키예에서 지진이 발생하여 건물이 무너지고 많은 사람이 사망하거나 부상을 입었습니다.

① 다른 나라는 지진에 안전하다.

② 비교적 약한 지진이 발생하였다.

③ 가뭄으로 인해 지진이 발생하였다.

④ 지진 대비를 잘 하여 피해가 크지 않았다.

⑤ 지진으로 인명 피해와 재산 피해가 발생하였다.

17 다음 중 지진에 대한 설명으로 옳은 것은 어느 것입니까? (   )

① 모든 지진은 큰 피해를 준다.

② 우리나라도 지진의 안전지대가 아니다.

③ 우리나라에서는 지진 피해를 입지 않았다.

④ 강한 지진이 발생해도 도로나 건물은 안전하다.

⑤ 지진에 대한 대비를 잘 해도 피해를 줄일 수 없다.

18 다음 중 지진이 우리에게 주는 피해가 <u>아닌</u> 것은 어느 것입니까? (   )

①
▲ 폭우가 내림.

②
▲ 산사태가 발생함.

③
▲ 인명 피해가 발생함.

④
▲ 지진 해일이 발생함.

19 다음 중 지진이 발생했을 때 대처 방법으로 옳지 <u>않은</u> 것은 어느 것입니까? (   )

① 승강기 대신 계단을 통해 이동한다.

② 바닷가에 있을 때는 바닷가 쪽으로 이동한다.

③ 전철 안에 있을 때는 손잡이나 기둥을 잡는다.

④ 산에 있을 때는 산사태에 주의하고 안전한 곳으로 대피한다.

⑤ 승강기 안에 있을 때는 모든 층의 버튼을 눌러 가장 먼저 열리는 층에서 내린다.

20 다음 중 집 안에 있을 때 지진이 발생한 후 흔들림이 멈추었을 경우 대처 방법으로 옳은 것을 보기 에서 모두 고른 것은 어느 것입니까? (   )

> **보기**
> ㉠ 전원을 차단합니다.
> ㉡ 가스 밸브를 잠급니다.
> ㉢ 승강기를 이용해 건물 밖으로 나갑니다.
> ㉣ 문을 열어 밖으로 나갈 수 있도록 합니다.

① ㉠, ㉢   ② ㉡, ㉢   ③ ㉠, ㉡, ㉢

④ ㉠, ㉡, ㉣   ⑤ ㉡, ㉢, ㉣

• 답안 입력하기   • 온라인 피드백 받기

7종 공통

1 다음은 강의 상류와 하류의 모습입니다. [총 12점]

▲ 강의 상류

▲ 강의 하류

(1) 강의 상류에서 주로 볼 수 있는 돌의 모습을 쓰시오. [4점]

(   )

(2) 강의 하류의 특징을 다음 내용을 포함하여 쓰시오. [8점]

> 강폭, 강의 경사

_____

_____

7종 공통

2 다음은 화산과 화산이 아닌 산의 모습입니다. [총 12점]

㉠
▲ 후지산(일본)

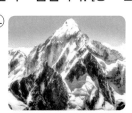
㉡
▲ 에베레스트산(네팔)

(1) 화산을 골라 기호를 쓰시오. [4점]

(   )

(2) 위 (1)번과 같이 답한 까닭을 쓰시오. [8점]

_____

_____

천재교과서, 미래엔

3 다음은 화산 활동 모형실험의 과정과 결과입니다.

[총 12점]

(1) 화산 활동 모형실험에서 나오는 연기는 실제 화산에서 무엇에 해당하는지 쓰시오. [4점]

(   )

(2) 위 (1)번 답 외에 실제 화산 활동에서 나오는 물질을 물질의 상태와 함께 두 가지 쓰시오. [8점]

_____

_____

3
단원

진도 완료
Check!

7종 공통

4 다음은 마을이 화산재로 뒤덮인 모습입니다. 화산재가 우리에게 주는 피해와 이로움을 각각 쓰시오. [8점]

_____

_____

개념1 버섯이 자라는 환경

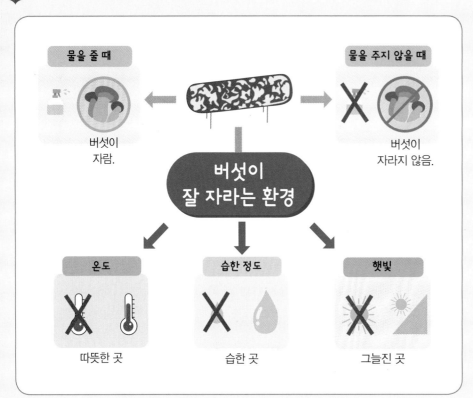

물을 줄 때
버섯이 자람.

물을 주지 않을 때
버섯이 자라지 않음.

버섯이 잘 자라는 환경

온도
따뜻한 곳

습한 정도
습한 곳

햇빛
그늘진 곳

1 개념 확인하기

버섯은 따뜻하고 습하며 그늘진 곳에서 잘 자란다.

O ☐   X ☐

개념2 버섯과 곰팡이의 특징

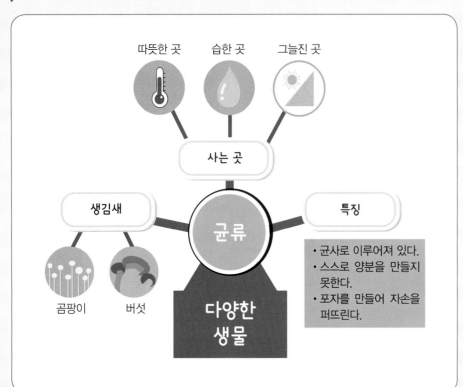

따뜻한 곳   습한 곳   그늘진 곳

사는 곳

생김새   특징

곰팡이   버섯

균류

다양한 생물

• 균사로 이루어져 있다.
• 스스로 양분을 만들지 못한다.
• 포자를 만들어 자손을 퍼뜨린다.

2 개념 확인하기

버섯과 곰팡이 중 버섯만 균사로 이루어져 있다.

O ☐   X ☐

실력 평가

천재교과서

1 다음은 물 조건만 다르게 하고 버섯 배지를 관찰한 결과입니다. ☐ 안에 들어갈 알맞은 말은 어느 것입니까? (　　　)

물을 준 버섯 배지	물을 주지 않은 버섯 배지
버섯이 자람.	버섯이 자라지 않음.

> 버섯은 ☐이/가 충분한 곳, 습한 곳에서 잘 자랍니다.

① 빛　　　　② 흙　　　　③ 물
④ 공기　　　⑤ 온도

7종 공통

2 다음 중 대부분의 버섯이 잘 자라는 환경으로 옳지 <u>않은</u> 것은 어느 것입니까? (　　　)

① 버섯은 따뜻한 환경에서 잘 자란다.
② 동물의 배출물에서 자라는 버섯도 있다.
③ 버섯은 물과 양분이 없는 곳에서 잘 자란다.
④ 낙엽이 많은 땅에서 버섯을 쉽게 볼 수 있다.
⑤ 버섯은 그늘지며 축축한 환경에서 잘 자란다.

천재교과서, 비상

3 다음 디지털 현미경의 ㉠~㉢ 중 밝기를 조절할 때 사용하는 부분의 기호를 쓰시오.

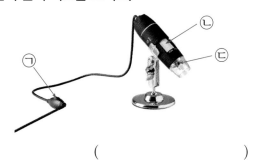

(　　　　　　　)

서술형·논술형 문제　　천재교과서

4 다음은 버섯과 곰팡이를 디지털 현미경으로 관찰한 모습입니다. 두 생물에서 관찰되는 공통점을 쓰시오.

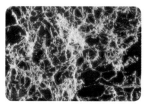　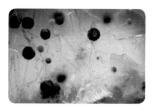

▲ 확대한 버섯　　　　　▲ 확대한 곰팡이

_____

_____

천재교과서, 동아, 비상, 아이스크림, 지학사

5 다음 중 버섯과 곰팡이에 대한 설명으로 옳은 것을 두 가지 고르시오. (　　　,　　　)

① 여러해살이 식물이다.
② 균사로 이루어져 있다.
③ 포자를 만들어 자손을 퍼뜨린다.
④ 버섯은 균류이고, 곰팡이는 세균이다.
⑤ 물이 있는 곳과 물체의 표면에서만 산다.

7종 공통

6 다음은 균류의 특징에 대한 설명입니다. ☐ 안에 공통으로 들어갈 알맞은 말을 쓰시오.

> 균류는 스스로 ☐을/를 만들지 못하고, 죽은 생물이나 다른 생물에서 ☐을/를 얻어 살아갑니다.

(　　　　　　　)

4 단원

4. 다양한 생물과 우리 생활(2)

개념1 해캄과 짚신벌레의 특징

다양한 생물

원생생물

특징
• 생김새가 단순하다.
• 동물, 식물, 균류, 세균으로 분류되지 않는다.

사는 곳

연못, 강 등 물이 있는 곳

생김새

해캄   짚신벌레

1 개념 확인하기

원생생물은 식물로 분류된다.

○ ☐   × ☐

개념2 세균의 특징

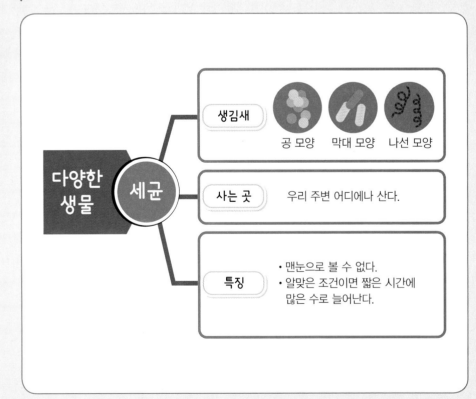

다양한 생물

세균

생김새

공 모양   막대 모양   나선 모양

사는 곳   우리 주변 어디에나 산다.

특징
• 맨눈으로 볼 수 없다.
• 알맞은 조건이면 짧은 시간에 많은 수로 늘어난다.

2 개념 확인하기

세균은 크기가 매우 작아 맨눈으로 볼 수 없다.

○ ☐   × ☐

실력 평가

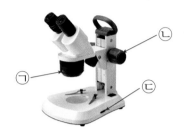

천재교과서

1 다음 중 실체 현미경에서 대물렌즈와 관찰 대상 사이의 거리를 조절해서 초점을 맞추는 부분의 기호와 이름을 바르게 짝 지은 것은 어느 것입니까? ( )

① ㉠ – 회전판 　　　② ㉠ – 접안렌즈
③ ㉡ – 대물렌즈 　　　④ ㉡ – 초점 조절 나사
⑤ ㉢ – 조명 조절 나사

천재교과서, 동아, 비상

2 다음 중 해캄과 짚신벌레의 특징에 대한 설명으로 옳지 <u>않은</u> 것은 어느 것입니까? ( )

① 해캄은 움직이지 않는다.
② 짚신벌레는 움직이지 않는다.
③ 해캄은 스스로 양분을 만든다.
④ 해캄은 초록색 실이 엉켜 있는 모양이다.
⑤ 짚신벌레는 맨눈으로 볼 수 없을 정도로 크기가 작다.

7종 공통

3 다음 중 원생생물에 대한 설명으로 옳은 것을 두 가지 고르시오. (,)

① 원생생물은 균류로 분류된다.
② 생김새가 동물이나 식물보다 단순하다.
③ 모든 원생생물은 맨눈으로 관찰할 수 있다.
④ 동물의 배출물이나 낙엽이 많은 땅에서 산다.
⑤ 해캄, 짚신벌레, 아메바, 유글레나 등이 속한다.

서술형·논술형 문제　7종 공통

4 다음과 같은 원생생물의 특징을 한 가지 쓰시오.

▲ 종벌레　　　▲ 파래　　　▲ 짚신벌레

_____

_____

7종 공통

5 다음 **보기** 에서 크기가 가장 작은 생물을 골라 기호를 쓰시오.

보기
㉠ 균류　　　㉡ 세균　　　㉢ 원생생물

( )

천재교과서, 비상, 아이스크림, 지학사

6 다음 중 ☐ 안에 들어갈 알맞은 세균은 어느 것입니까? ( )

☐ 은/는 공 모양이며, 둥근 알갱이가 포도처럼 뭉쳐 있습니다. 공기, 음식물, 피부에 삽니다.

① 젖산균　　　② 대장균　　　③ 콜레라균
④ 위 나선균　　⑤ 포도상 구균

7종 공통

7 다음 중 세균이 사는 곳에 대한 설명으로 옳은 것은 어느 것입니까? ( )

① 생물의 몸에서만 산다.
② 썩은 나무, 죽은 생물에서만 산다.
③ 주로 물에서만 살고 흙에서는 살 수 없다.
④ 양분을 흡수할 수 있는 음식물에서만 산다.
⑤ 책상, 의자, 연필과 같은 물체의 표면에서도 산다.

4 단원

4. 다양한 생물과 우리 생활(3)

정답 • 28쪽

개념 강의

개념1 다양한 생물이 우리에게 미치는 영향

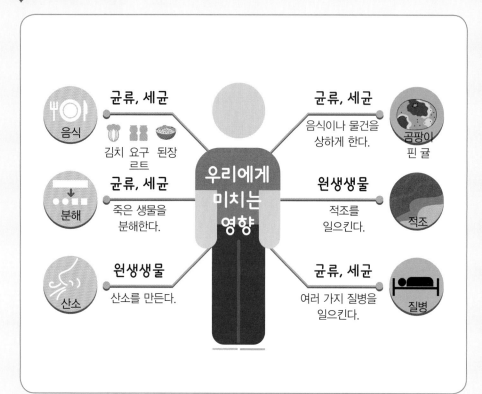

1 개념 확인하기

원생생물은 적조 현상만 일으킨다.

O ☐   X ☐

개념2 생명과학 이용 사례

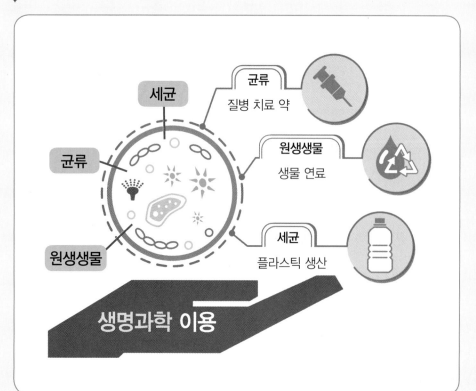

2 개념 확인하기

세균을 활용하여 해충과 병균을 막아 주는 생물 농약을 만든다.

O ☐   X ☐

실력 평가

7종 공통

1 다음 중 균류나 세균을 이용하여 만든 음식이 <u>아닌</u> 것은 어느 것입니까? (   )

①
▲ 김치

②
▲ 된장

③
▲ 두부

④
▲ 요구르트

천재교과서, 동아, 비상, 아이스크림, 지학사

2 다음 중 죽은 생물이나 배설물을 분해하여 다른 생물이 이용할 수 있게 해 주는 생물을 두 가지 고르시오.

(,   )

① 동물   ② 식물   ③ 균류

④ 세균   ⑤ 원생생물

7종 공통

3 다음은 다양한 생물이 우리 생활에 미치는 영향입니다. 균류, 원생생물, 세균 중 ㉠, ㉡에 들어갈 알맞은 생물의 종류를 각각 쓰시오.

▲ 산소를 만드는
㉠

▲ 충치를 일으키는
㉡

㉠ (   )
㉡ (   )

7종 공통

4 다음 중 다양한 생물과 우리 생활의 관계에서 □ 안에 공통으로 들어갈 알맞은 말은 어느 것입니까?

(   )

> 균류, 원생생물, 세균은 서로 □을/를 주기도 하고, 우리에게도 □을/를 줍니다.

① 힘   ② 영향   ③ 생활

④ 균사   ⑤ 치료 약

7종 공통

5 다음 □ 안에 들어갈 알맞은 말을 쓰시오.

> 생물의 특성이나 생명 현상을 연구하고, 이를 우리 생활에 이용하는 과학은 □입니다.

(   )

천재교과서, 미래엔, 비상, 아이스크림, 지학사

6 다음 중 물속 오염 물질을 분해하는 세균을 활용한 생명과학 사례로 옳은 것은 어느 것입니까? (   )

① 건강식품   ② 생물 농약

③ 하수 처리   ④ 친환경 플라스틱

⑤ 가죽과 비슷한 재료

서술형·논술형 문제 천재교과서, 미래엔, 비상, 아이스크림, 지학사

7 오른쪽 푸른곰팡이(균류)를 활용한 생명과학이 우리 생활에 이용되는 예를 푸른곰팡이의 특징을 포함하여 쓰시오.

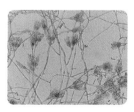
▲ 푸른곰팡이

_____

_____

4
단원

단원 평가

4. 다양한 생물과 우리 생활

천재교과서

1 다음 중 디지털 현미경을 활용하여 버섯의 겉면을 관찰하는 과정을 순서대로 바르게 나열한 것은 어느 것입니까? (　　　)

> ㉠ 디지털 현미경과 스마트 기기를 연결합니다.
> ㉡ 초점 조절 나사를 돌려 초점을 맞춘 뒤 버섯을 관찰합니다.
> ㉢ 셀로판테이프를 버섯의 겉에 붙였다가 떼고 페트리접시 바닥에 붙입니다.
> ㉣ 디지털 현미경의 대물렌즈를 버섯의 겉면이 붙어 있는 셀로판테이프에 가까이 놓습니다.

① ㉠ → ㉡ → ㉢ → ㉣
② ㉠ → ㉢ → ㉣ → ㉡
③ ㉡ → ㉢ → ㉠ → ㉣
④ ㉡ → ㉣ → ㉢ → ㉠
⑤ ㉢ → ㉠ → ㉡ → ㉣

7종 공통

2 다음 중 버섯과 곰팡이의 공통점으로 옳은 것은 어느 것입니까? (　　　)

▲ 버섯　　　　　▲ 곰팡이

① 단면은 매끈하다.
② 씨앗으로 자란다.
③ 꽃이 피고 열매를 맺는다.
④ 윗부분 안쪽에는 주름이 많다.
⑤ 실처럼 가늘고 긴 것이 엉켜 있다.

7종 공통

3 다음 중 버섯, 곰팡이와 같이 균사로 이루어진 생물이 속하는 것은 어느 것입니까? (　　　)

① 식물　　② 동물　　③ 세균
④ 균류　　⑤ 원생생물

천재교과서, 동아, 비상, 아이스크림, 지학사

4 다음 중 균류에 대한 설명으로 옳지 않은 것은 어느 것입니까? (　　　)

① 뿌리, 줄기, 잎이 있다.
② 그늘진 곳에서 잘 자란다.
③ 포자를 만들어 자손을 퍼뜨린다.
④ 따뜻하고 축축한 환경에서 잘 자란다.
⑤ 죽은 생물에서 양분을 얻어 살아간다.

7종 공통

5 다음과 같은 특징이 있는 생물은 어느 것입니까?

(　　　)

> • 스스로 양분을 만들며, 움직이지 않습니다.
> • 가늘고 긴 초록색의 실이 엉켜 있는 모양입니다.
> • 식물처럼 뿌리, 줄기, 잎으로 구분되지 않습니다.

① 버섯　　　　② 해캄　　　　③ 잔디
④ 곰팡이　　　⑤ 짚신벌레

천재교과서, 동아, 미래엔, 아이스크림

6 다음 중 오른쪽의 실체 현미경에서 밝기를 조절하는 부분은 어느 것입니까? (　　　)

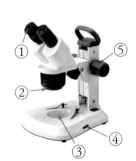

천재교과서, 동아, 미래엔, 아이스크림

7 다음은 실체 현미경의 사용법 중 첫 번째 과정입니다. ☐ 안에 들어갈 알맞은 말은 어느 것입니까?

(　　　)

> 회전판을 돌려 ☐의 배율을 가장 낮게 하고, 관찰 대상을 재물대 위에 올려놓습니다.

① 재물대　　　　② 접안렌즈
③ 대물렌즈　　　④ 초점 조절 나사
⑤ 조명 조절 나사

7종 공통

8 다음 중 짚신벌레의 특징에 대한 설명으로 옳은 것은 어느 것입니까? (   )

① 공 모양이다.
② 동물에 속한다.
③ 균사로 이루어져 있다.
④ 초록색의 실로 엉켜 있는 모양이다.
⑤ 맨눈으로 볼 수 없을 정도로 크기가 작다.

7종 공통

9 다음 중 원생생물에 대한 설명으로 옳지 <u>않은</u> 것은 어느 것입니까? (   )

① 물이 있는 곳에서 산다.
② 동물보다 생김새가 단순하다.
③ 균류, 세균으로 분류되는 생물이다.
④ 종벌레, 돌말, 미역, 파래 등이 속한다.
⑤ 다양한 원생생물은 생김새, 크기, 생활 방식이 매우 다양하다.

천재교과서, 지학사

10 다음과 같은 특징이 있는 세균은 어느 것입니까?

(   )

- 막대 모양이며 길쭉합니다.
- 마른 풀에 삽니다.

①
▲ 고초균

②
▲ 대장균

③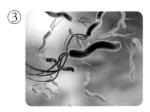
▲ 위 나선균

④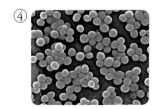
▲ 포도상 구균

7종 공통

11 다음 보기 에서 세균에 대한 설명으로 옳은 것을 바르게 짝 지은 것은 어느 것입니까? (   )

보기

㉠ 막대 모양은 없습니다.
㉡ 맨눈으로 볼 수 없습니다.
㉢ 균류나 원생생물보다 생김새가 단순합니다.
㉣ 살기에 알맞은 조건이 되어도 수가 잘 늘어나지 않습니다.

① ㉠, ㉡   ② ㉠, ㉢
③ ㉡, ㉢   ④ ㉡, ㉣
⑤ ㉢, ㉣

7종 공통

12 다음 중 세균이 사는 곳에 대한 설명으로 옳은 것은 어느 것입니까? (   )

① 물에서만 산다.
② 마른 풀에서만 산다.
③ 공기 중에는 살지 않는다.
④ 우리 주변 어디에나 산다.
⑤ 다른 생물의 몸에서는 살 수 없다.

7종 공통

13 다음 중 오른쪽과 같이 바다, 강 등에서 적조 현상을 일으키는 생물은 어느 것입니까?

(   )

① 동물   ② 식물
③ 균류   ④ 세균
⑤ 원생생물

▲ 적조 현상

4 단원

7종 공통

14 다음 중 된장, 김치, 요구르트의 음식을 만드는 데 이용되기도 하고, 음식이나 물건을 상하게 하기도 하는 생물끼리 바르게 짝 지은 것은 어느 것입니까?

(   )

① 동물, 식물   ② 식물, 균류
③ 균류, 세균   ④ 세균, 원생생물
⑤ 균류, 원생생물

15 다음 중 다양한 생물이 우리 생활에 미치는 영향에 대한 설명으로 옳지 <u>않은</u> 것은 어느 것입니까? (   )

① 배설물을 분해하기도 한다.

② 물건을 상하게 하기도 한다.

③ 장염 등의 질병을 일으키기도 한다.

④ 산소를 만들어 물속에 공급하기도 한다.

⑤ 눈에 보이지 않는 작은 생물은 우리 생활에 크게 영향을 미치지 않는다.

16 다음 중 오른쪽과 같이 균류가 우리 생활에 미치는 영향은 어느 것입니까?

(   )

▲ 귤에 핀 곰팡이

① 충치를 일으킨다.

② 음식을 상하게 한다.

③ 다른 생물의 먹이가 된다.

④ 음식을 만드는 데 이용된다.

⑤ 치료 약을 만드는데 이용된다.

17 다음은 생명과학이 우리 생활에 이용되는 사례입니다. ☐ 안에 공통으로 들어갈 알맞은 생물은 어느 것입니까? (   )

> • 기름 성분을 만드는 ☐을/를 활용하여 생물 연료를 만듭니다.
> • 영양소가 풍부한 일부 ☐을/를 활용하여 건강식품을 개발합니다.

① 세균   ② 동물   ③ 균류

④ 식물   ⑤ 원생생물

18 다음은 약을 대량으로 빠르게 생산하는 데 생명과학이 이용된 예입니다. ☐ 안에 들어갈 알맞은 생물은 어느 것입니까? (   )

> 짧은 시간에 많은 수로 늘어나는 ☐의 특징을 활용하여 약을 대량으로 생산할 수 있습니다.

① 균류   ② 식물   ③ 세균

④ 동물   ⑤ 원생생물

19 다음 중 오른쪽과 같이 생물 농약에 활용되는 생물로 옳은 것은 어느 것입니까? (   )

▲ 생물 농약

① 기름 성분을 만드는 원생생물

② 플라스틱 원료를 생산하는 세균

③ 세균을 자라지 못하게 하는 균류

④ 물속 오염 물질을 분해하는 세균

⑤ 특정 생물에게만 질병을 일으키는 세균

20 다음 중 생명과학이 우리 생활에 이용되는 예로 옳은 것은 어느 것입니까? (   )

① 세균이 충치를 일으킨다.

② 균류가 음식을 상하게 한다.

③ 세균을 활용해 인공 눈을 만든다.

④ 원생생물이 적조 현상을 일으킨다.

⑤ 어떤 균류는 독이 있어 먹으면 몸이 아플 수 있다.

• 답안 입력하기   • 온라인 피드백 받기

1 _{7종 공통}
다음은 다양한 생물의 모습입니다. [총 12점]

▲ 귤에 자란 [ ]   ▲ 죽은 나무에 자란 [ ]

(1) 균류, 원생생물, 세균 중 위 □ 안에 공통으로
들어갈 알맞은 생물의 종류를 쓰시오. [4점]
( )

(2) 위 (1)번 답의 생물이 양분을 얻는 방법을 쓰시오.
[8점]

_____

_____

2 _{천재교과서, 미래엔, 아이스크림, 지학사}
다음과 같은 다양한 생물이 사는 곳의 특징을 쓰시오.
[8점]

▲ 종벌레   ▲ 유글레나

_____

_____

3 _{7종 공통}
다음은 다양한 생물의 모습입니다. [총 12점]

ㄱ   ㄴ

▲ 해캄   ▲ 콜레라균

(1) 위에서 공기, 오염된 물에서 사는 생물을 골라
기호를 쓰시오. [4점]
( )

(2) 위 (1)번 답과 같은 생물의 종류가 우리 생활에
미치는 영향을 한 가지 쓰시오. [8점]

_____

_____

4 _{천재교과서, 미래엔, 비상, 아이스크림, 지학사}
다음은 생명과학이 우리 생활에 이용되는 경우입니다.
각 경우에 활용되는 생물과 특징을 쓰시오. [총 12점]

▲ 하수 처리   ▲ 질병을 치료하는 약

(1) 하수 처리 [6점]

_____

_____

(2) 질병을 치료하는 약 [6점]

_____

_____

4
단원

진도 완료
Check!

정답 · 30쪽
풀이 강의

1. 자석의 이용 ~ 4. 다양한 생물과 우리 생활

7종 공통

1 다음 중 자석에 붙는 물체는 어느 것입니까?

( )

① 철로 된 클립　　② 고무로 된 고무줄
③ 나무로 된 젓가락　④ 종이로 된 색종이
⑤ 플라스틱으로 된 자

7종 공통

2 다음 중 자석의 극에 대한 설명으로 옳은 것은 어느 것입니까? ( )

① 극이 없는 자석도 있다.
② 자석의 극은 항상 두 개이다.
③ 자석은 종류에 따라 극의 개수가 다르다.
④ 고리 모양 자석의 극은 가운데 부분에 있다.
⑤ 자석에서 철로 된 물체를 당기는 힘이 가장 약하다.

천재교과서, 동아, 미래엔, 비상

3 다음은 극이 표시되지 않은 동전 모양 자석에 막대자석을 가까이 가져갔을 때의 결과입니다. 결과를 보고 동전 모양 자석의 극을 바르게 추리한 것은 어느 것입니까? ( )

> • 막대자석의 N극을 동전 모양 자석 ㉠부분에 가까이 가져가면 서로 끌어당깁니다.
> • 막대자석의 S극을 동전 모양 자석 ㉣부분에 가까이 가져가면 서로 밀어 냅니다.

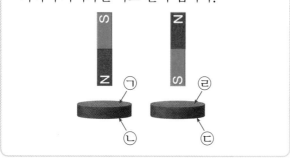

① ㉠은 S극이다.
② ㉡은 S극이다.
③ ㉢은 S극이다.
④ ㉣은 N극이다.
⑤ ㉠, ㉡, ㉢, ㉣ 모두 N극이다.

천재교과서, 동아, 미래엔, 비상, 지학사

4 다음 중 막대자석 주위에 놓인 나침반 바늘의 모습으로 옳지 않은 것을 모두 고른 것은 어느 것입니까?

( )

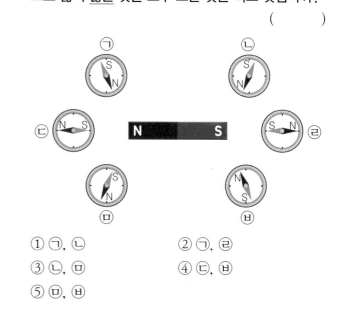

① ㉠, ㉡　　　　　② ㉠, ㉣
③ ㉡, ㉤　　　　　④ ㉢, ㉥
⑤ ㉤, ㉥

천재교과서, 동아, 비상, 아이스크림, 지학사

5 다음 중 자석 클립 통에 대한 설명으로 옳은 것은 어느 것입니까? ( )

① 자석 클립 통의 아랫부분에 자석이 있다.
② 자석 클립 통을 쉽게 열고 닫을 수 있어 편리하다.
③ 자석의 같은 극끼리 밀어 내는 성질을 이용한 것이다.
④ 자석이 일정한 방향을 가리키는 성질을 이용한 것이다.
⑤ 자석이 철로 된 물체를 끌어당기는 성질을 이용한 것이다.

6 7종 공통

다음 중 물의 세 가지 상태에 대한 설명으로 옳은 것을 보기 에서 골라 바르게 짝 지은 것은 어느 것입니까?
( )

> 보기
>
> ㉠ 고드름은 액체인 물입니다.
> ㉡ 기체인 수증기는 눈에 보이지 않습니다.
> ㉢ 수돗물은 눈에 보이고 손으로 잡을 수 없습니다.
> ㉣ 조각상을 만든 얼음은 눈에 보이지 않고 손으로 잡을 수 없습니다.

① ㉠, ㉡   ② ㉠, ㉣
③ ㉡, ㉢   ④ ㉡, ㉣
⑤ ㉢, ㉣

7 7종 공통

다음 중 물의 상태 변화에 대한 설명으로 옳은 것은 어느 것입니까? ( )

① 빙수가 녹으면 얼음이 된다.
② 젖은 빨래가 마르면 물이 된다.
③ 주전자의 물이 끓으면 얼음이 된다.
④ 물이 고체 상태일 때만 나타나는 현상이다.
⑤ 물이 한 가지 상태에서 또 다른 상태로 변하는 현상이다.

8 7종 공통

다음 중 얼린 요구르트가 녹을 때의 변화로 옳은 것은 어느 것입니까?
( )

▲ 녹기 전   ▲ 녹은 후

① 무게가 줄어든다.
② 무게가 늘어난다.
③ 부피가 늘어난다.
④ 부피가 줄어든다.
⑤ 부피가 줄어들었다가 늘어난다.

9 7종 공통

다음 중 빨래가 마르는 현상에 대한 설명으로 옳은 것은 어느 것입니까? ( )

① 물이 수증기로 변하는 것이다.
② 빨래가 마르면서 기포가 생긴다.
③ 빨래의 물은 상태가 변하지 않는다.
④ 시간이 지나면 빨래가 다시 젖는다.
⑤ 빨래에 있던 물이 고체로 변해 단단해진다.

10 7종 공통

다음 중 응결 현상의 예가 <u>아닌</u> 것은 어느 것입니까?
( )

①
▲ 맑은 날 이른 아침 거미 줄에 물방울이 맺힘.

②
▲ 따뜻한 음식이 담긴 냄비 뚜껑 안쪽에 물방울이 맺힘.

③
▲ 스팀다리미로 옷의 주름을 폄.

④
▲ 겨울철 따뜻한 방 유리창 안쪽에 물방울이 맺힘.

⑤
▲ 차가운 컵 바깥면에 물방울이 맺힘.

11 다음 중 강의 모습에 대한 설명으로 옳지 <u>않은</u> 것은 어느 것입니까? (   )

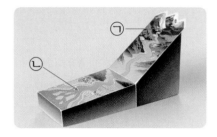

① ㉠은 강의 상류이다.
② ㉡은 강의 하류이다.
③ ㉠은 경사가 급하다.
④ ㉡에는 모래나 고운 흙이 많다.
⑤ ㉠에서는 강폭이 넓고 퇴적 작용이 활발하다.

12 다음 중 화산이 아닌 산은 어느 것입니까? (   )

①
▲ 백두산

②
▲ 킬라우에아산(미국)

③
▲ 설악산

④
▲ 베수비오산(이탈리아)

13 다음 화산이 분출할 때 나오는 물질 중 기체인 것은 어느 것입니까? (   )

① 용암   ② 암석
③ 화산재   ④ 화산 가스
⑤ 화산 암석 조각

14 다음 중 현무암과 화강암에 대한 설명으로 옳은 것은 어느 것입니까? (   )

▲ 현무암   ▲ 화강암

① 현무암은 암석의 색깔이 밝다.
② 현무암은 검은색 알갱이가 보인다.
③ 화강암은 표면에 구멍이 있는 암석이다.
④ 화강암은 암석을 이루는 알갱이의 크기가 작다.
⑤ 현무암은 마그마가 지표 가까이에서 빠르게 식어서 만들어진다.

15 다음과 같이 승강기 안에 있을 때 지진이 발생한 경우 알맞은 대처 방법은 어느 것입니까? (   )

▲ 승강기 안에 있을 때

① 꼭대기 층에서 내려 기다린다.
② 승강기 문을 힘으로 연 뒤 뛰어서 대피한다.
③ 승강기 안에서 흔들림이 멈출 때까지 앉아 있는다.
④ 모든 층의 버튼을 눌러 가장 먼저 열리는 층에서 내린 뒤 계단을 이용한다.
⑤ 가장 아래층의 버튼을 누르고 승강기 안에서 앉아 지진이 멈출 때까지 기다린다.

천재교과서, 동아, 비상, 아이스크림, 지학사

16 다음 중 버섯과 곰팡이의 특징과 사는 환경에 대한 설명으로 옳지 <u>않은</u> 것은 어느 것입니까? (   )

① 균류에 속하는 생물이다.

② 균사를 만들어 자손을 퍼뜨린다.

③ 다른 생물에서 양분을 얻어 살아간다.

④ 따뜻하고 그늘지며 습한 곳에서 잘 자란다.

⑤ 가늘고 긴 실 모양의 균사로 이루어져 있다.

7종 공통

17 다음 중 원생생물에 속하지 <u>않는</u> 것은 어느 것입니까? (   )

①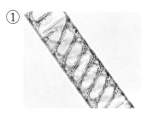
▲ 해캄

②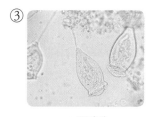
▲ 젖산균

③
▲ 종벌레

④
▲ 유글레나

7종 공통

18 다음 중 세균에 대한 설명으로 옳은 것을 보기 에서 골라 바르게 짝 지은 것은 어느 것입니까? (   )

보기

㉠ 균류나 원생생물보다 크기가 더 작습니다.

㉡ 눈에 보이지 않기 때문에 생물이 아닙니다.

㉢ 양분이 있는 곳이면 우리 주변 어디에나 삽니다.

㉣ 공 모양, 막대 모양, 나선 모양 등 생김새가 다양합니다.

① ㉠, ㉡   ② ㉡, ㉢

③ ㉡, ㉣   ④ ㉠, ㉢, ㉣

⑤ ㉡, ㉢, ㉣

7종 공통

19 다음 중 다양한 생물이 우리 생활에 미치는 영향으로 옳은 것은 어느 것입니까? (   )

① 원생생물은 장염을 일으킨다.

② 세균은 적조 현상을 일으킨다.

③ 균류와 세균은 충치를 일으킨다.

④ 균류는 산소를 만들어 물속에 공급한다.

⑤ 음식으로 먹을 수 있는 균류(버섯)가 있다.

7종 공통

20 다음은 생명과학이 우리 생활에 이용되는 경우입니다. ☐ 안에 들어갈 알맞은 생물은 어느 것입니까? (   )

기름 성분을 만들어 내는 ☐ 을/를 활용하여 환경오염을 줄일 수 있는 생물 연료를 만듭니다.

▲ 생물 연료

① 동물   ② 식물

③ 균류   ④ 세균

⑤ 원생생물

·답안 입력하기   ·온라인 피드백 받기

MEMO

우리 아이의 실력을 정확히 점검하는 기회

40년의 역사
전국 초·중학생 213만 명의 선택

HME 학력평가
해법수학 · 해법국어

응시 학년
수학 | 초등 1학년 ~ 중학 3학년
국어 | 초등 1학년 ~ 초등 6학년

응시 횟수
수학 | 연 2회 (6월 / 11월)
국어 | 연 1회 (11월)

주최 **천재교육** | 주관 **한국학력평가 인증연구소** | 후원 **서울교육대학교**

*응시 날짜는 변동될 수 있으며, 더 자세한 내용은 HME 홈페이지에서 확인 바랍니다.

온라인
학습북

수학 전문 교재

- ●연산 학습

  빅터연산   예비초~6학년, 총 20권

- ●개념 학습

  개념클릭 해법수학   1~6학년, 학기용

- ●수준별 수학 전문서

  해결의법칙(개념/유형/응용)   1~6학년, 학기용

- ●단원평가 대비

  수학 단원평가   1~6학년, 학기용

- ●상위권 학습

  최고수준 S 수학   1~6학년, 학기용

  최고수준 수학   1~6학년, 학기용

  최강 TOT 수학   1~6학년, 학년용

- ●경시대회 대비

  해법 수학경시대회 기출문제   3~6학년, 학기용

예비 중등 교재

- ●해법 반편성 배치고사 예상문제   6학년
- ●해법 신입생 시리즈(수학/영어)   6학년

맞춤형 학교 시험대비 교재

- ●열공 전과목 단원평가   1~6학년, 학기용(1학기 2~6년)

한자 교재

- ●한자능력검정시험 자격증 한번에 따기   8~3급, 총 9권
- ●씽씽 한자 자격시험   8~5급, 총 4권
- ●한자 전략   8~5급Ⅱ, 총 12권

배움으로 행복한 내일을 꿈꾸는
천재교육 커뮤니티 안내

· · · ·

 교재 안내부터 구매까지 한 번에!
천재교육 홈페이지

자사가 발행하는 참고서, 교과서에 대한 소개는 물론
도서 구매도 할 수 있습니다. 회원에게 지급되는 별을 모아
다양한 상품 응모에도 도전해 보세요!

 다양한 교육 꿀팁에 깜짝 이벤트는 덤!
천재교육 인스타그램

천재교육의 새롭고 중요한 소식을 가장 먼저 접하고 싶다면?
천재교육 인스타그램 팔로우가 필수!
깜짝 이벤트도 수시로 진행되니 놓치지 마세요!

 수업이 편리해지는
천재교육 ACA 사이트

오직 선생님만을 위한, 천재교육 모든 교재에 대한 정보가 담긴
아카 사이트에서는 다양한 수업자료 및 부가 자료는 물론
시험 출제에 필요한 문제도 다운로드하실 수 있습니다.

https://aca.chunjae.co.kr

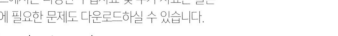

 천재교육을 사랑하는 샘들의 모임
천사샘

학원 강사, 공부방 선생님이시라면 누구나 가입할 수 있는 천사샘!
교재 개발 및 평가를 통해 교재 검토진으로 참여할 수 있는 기회는 물론
다양한 교사용 교재 증정 이벤트가 선생님을 기다립니다.

 아이와 함께 성장하는 학부모들의 모임공간
튠맘 학습연구소

튠맘 학습연구소는 초·중등 학부모를 대상으로 다양한 이벤트와 함께
교재 리뷰 및 학습 정보를 제공하는 네이버 카페입니다.
초등학생, 중학생 자녀를 둔 학부모님이라면 튠맘 학습연구소로 오세요!

群 鷄 一 鶴

무리·**군** 닭·**계** 한·**일** 학·**학**

'닭의 무리 가운데에서 한 마리의 학(鶴)'이란 뜻으로,
많은 사람 가운데서 뛰어난 인물을 이르는 말이다.

정답은 정확하게, **풀이**는 자세하게

꼼꼼 풀이집

홈스쿨링
우등생

초등 **과학**

4·1

천재교육

꼼꼼 풀이집
포인트 3가지

▶ **더 알아보기, 왜 틀렸을까** 등과 함께 친절한 해설 제공

▶ **단계별 배점**과 **채점 기준**을 제시하여 서술형 문항 완벽 대비

▶ 온라인 학습북 〈단원평가〉에 정답과 함께 **문항 분석표** 제시

꼼꼼 풀이집

정답과 풀이

4-1

1. 자석의 이용

개념 쏙 익히기   13쪽

1 ①, ③   **2** ㉡   **3** ㉡   **4** ⑤

1 철 클립이나 철 나사못과 같이 철로 된 물체는 자석에 붙고, 고무지우개와 유리컵은 자석에 붙지 않습니다.

2 자석을 철로 된 물체에 가까이 가져가면 철로 된 물체가 자석에 끌려 와 붙습니다.

3 막대자석의 양쪽 끝부분에 철 클립이 많이 붙습니다.

4 자석에서 철로 된 물체를 끌어당기는 힘이 가장 센 부분을 자석의 극이라고 합니다.

실력 확 올리기   14~16쪽

1 ④   **2** ㉡   **3** ②   **4** ⑤   **5** ㉠
6 ④   **7** ㉠ 자석 ㉡ ⑩ 끌어당긴다   **8** ①
9 ⑤   **10** ㉡   **11** (1) ㉠, ㉢ (2) ⑩ 막대자석 양쪽에 있는 자석의 극에서 철 클립을 가장 세게 끌어당기기 때문이다.

1 철로 된 물체는 자석에 붙고, 고무, 나무, 유리, 플라스틱, 종이 등으로 된 물체는 자석에 붙지 않습니다.

> **더 알아보기**
> **자석에 붙는 물체와 붙지 않는 물체**
> • 자석에 붙는 물체: 철 집게, 철 나사못, 철 클립 등
> • 자석에 붙지 않는 물체: 색종이, 고무줄, 유리컵, 고무지우개, 플라스틱 자, 나무젓가락 등

2 나무로 만들어진 책상의 상판(㉠)은 자석에 붙지 않고, 철로 만들어진 책상 다리(㉡)는 자석에 붙습니다.

3 자석에 붙는 물체는 크기에 상관없이 철로 만들어졌습니다.

4 막대자석을 철로 된 물체에 가까이 하면 철로 된 물체가 자석에 끌려 와 붙습니다.

5 막대자석을 철 못과 같이 철로 된 물체에 가까이 가져가면 철 못이 자석에 끌려 와 붙습니다.

6 자석과 철 클립 사이에 종이가 있어도 서로 끌어당기기 때문에 철 클립은 그대로 떠 있습니다.

7 자석과 철로 된 물체 사이에 자석에 붙지 않는 물체가 있어도 자석과 철로 된 물체는 서로 끌어당깁니다.

8 실험을 통해 자석의 무게는 알 수 없습니다. 막대자석의 극의 개수는 두 개이고, 극의 위치는 양쪽 끝부분입니다. 자석에서 철 클립이 많이 붙는 부분, 철로 된 물체를 끌어당기는 힘이 센 부분은 자석의 양쪽 끝부분입니다.

9 막대자석과 둥근기둥 모양 자석의 극은 모두 양쪽 끝부분에 있습니다.

10 자석의 극은 철로 된 물체가 가장 많이 붙는 부분으로, 항상 두 개입니다.

> **더 알아보기**
> **자석의 극**
> • 자석의 극은 항상 두 개입니다.
> • 자석의 극은 자석에서 철로 된 물체를 끌어당기는 힘이 가장 센 부분입니다.

11 자석의 극인 ㉠과 ㉢에서 철 클립을 끌어당기는 힘이 가장 세기 때문에 철 클립을 길게 이어 붙일 수 있습니다.

> **채점 기준**
>
> | (1) | '㉠, ㉢'을 씀. | |
> |---|---|---|
> | (2) | **정답 키워드** 극 \| 세게 \| 끌어당기기 등
'막대자석 양쪽에 있는 자석의 극에서 철 클립을 가장 세게 끌어당기기 때문이다.' 등과 같이 자석의 극 부분에 철 클립을 길게 이어 붙일 수 있는 까닭에 대해서 정확히 씀. | 상 |
> | | 자석의 극 부분에 철 클립을 길게 이어 붙일 수 있는 까닭에 대해 썼지만, 표현이 부족함. | 중 |

수행평가   17쪽

1 (1) ❶ ⑩ 막대자석 ❷ ⑩ 붙습 (2) ⑩ 공중에 그대로 떠 있다
2 (1) ⑩ 철 클립이 그대로 떠 있다. (2) ⑩ 자석과 철로 된 물체 사이에 알루미늄 포일 조각과 같이 자석에 붙지 않는 물체가 있어도 자석과 철로 된 물체는 서로 끌어당기기 때문이다.

1 자석과 철로 된 물체는 약간 떨어져 있어도 서로 끌어당깁니다. 자석과 철로 된 물체 사이에 자석에 붙지 않는 물체가 있어도 자석과 철로 된 물체는 서로 끌어당깁니다.

2 자석과 철로 된 물체 사이에 종이나 플라스틱판, 알루미늄 포일 조각 등과 같이 자석에 붙지 않는 물체가 있어도 자석과 철로 된 물체는 서로 끌어당깁니다.

개념 쏙 익히기 21쪽

1 ㉠　　**2** ①　　**3** ㉠　　**4** N

1 막대자석을 물 위에 띄우면 N극은 북쪽을 가리키고, S극은 남쪽을 가리킵니다.

2 북쪽을 가리키는 자석의 극은 N극이고, 남쪽을 가리키는 자석의 극은 S극입니다.

3 두 자석을 같은 극이 마주 보게 하여 밀면 다른 자석이 밀려 납니다.

4 막대자석의 S극을 가까이 할 때 서로 끌어당겼으므로, 색종이를 감싼 막대자석의 ㉠ 부분은 N극입니다.

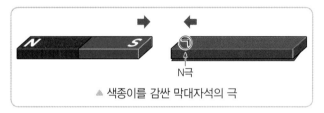

▲ 색종이를 감싼 막대자석의 극

실력 확 올리기 22~24쪽

1 남　　**2** ③　　**3** ③, ⑤　　**4** ㉢　　**5** ③
6 ②, ③　　**7** 예 끌어당기는　　**8** S　　**9** ㉠ 예 같은 ㉡ 예 밀어 내기　　**10** ③　　**11** (1) S (2) 예 자석의 다른 극끼리는 서로 끌어당기는 힘이 작용하기 때문이다.

1 막대자석을 물 위에 띄우면 S극은 남쪽을 가리킵니다.

2 막대자석과 나침반 바늘이 가리키는 방향은 같습니다.

3 물에 띄운 막대자석과 나침반 바늘이 가리키는 방향은 서로 같고, 북쪽과 남쪽을 가리킵니다.

4 막대자석의 N극은 주로 빨간색으로 표시하고, S극은 주로 파란색으로 표시합니다.

더 알아보기

막대자석의 N극과 S극
• 자석의 N극: 북쪽을 가리키는 자석의 극, 주로 빨간색으로 표시합니다.
• 자석의 S극: 남쪽을 가리키는 자석의 극, 주로 파란색으로 표시합니다.

5 나침반은 자석이 일정한 방향을 가리키는 성질을 이용해 방향을 찾을 수 있도록 만든 도구입니다.

6 두 자석의 같은 극을 가까이 하면 서로 밀어 내는 힘이 작용합니다.

7 두 자석의 다른 극끼리는 서로 끌어당기는 힘이 작용하므로 다른 자석이 끌려 와 붙습니다.

8 막대자석의 N극과 끌어당기는 힘이 작용했으므로, 고리 자석의 ㉠ 부분은 S극입니다.

9 고리 자석의 같은 극끼리 마주 보게 쌓으면 서로 밀어 내기 때문에 자석이 공중에 떠 있게 됩니다.

더 알아보기

▲ 가장 높게 쌓는 방법　　▲ 가장 낮게 쌓는 방법

10 고리 자석 탑은 자석의 같은 극끼리는 서로 밀어 내고, 다른 극끼리는 서로 끌어당기는 성질을 이용한 것입니다.

11 빨대 위에 올려놓은 막대자석의 N극이 ㉠ 부분에 끌려 와 붙는다면 서로 끌어당기는 힘이 작용한 것이므로, ㉠ 부분은 S극인 것을 알 수 있습니다.

채점 기준

(1)	'S'를 씀.	
(2)	**정답 키워드** 다른 극 | 끌어당기다 | 힘 등 '자석의 다른 극끼리는 서로 끌어당기는 힘이 작용하기 때문이다.' 등과 같이 자석의 성질에 대해 정확히 씀.	상
	자석의 성질에 대해 썼지만, 표현이 부족함.	중

수행평가 25쪽

1 (1) ㉠ N ㉡ N (2) ❶ 예 같은 ❷ 예 다른
2 (1) S (2) 예 자석의 같은 극끼리는 서로 밀어 내는 힘이 작용하고, 다른 극끼리는 서로 끌어당기는 힘이 작용한다.

1 두 자석의 같은 극끼리 가까이 하면 서로 밀어 내는 힘이 작용하고, 다른 극끼리 가까이 하면 서로 끌어당기는 힘이 작용합니다.

2 두 자석의 같은 극끼리 마주 보게 놓으면 자석이 서로 밀어 내고, 두 자석의 다른 극끼리 마주 보게 놓으면 두 자석이 서로 끌어당겨 붙습니다.

개념 쏙 익히기

1 ©   2 자석   3 ②   4 ②, ⑤

1 막대자석의 N극을 나침반에 가까이 하면 나침반 바늘의 N극이 자석에서 멀어집니다.

2 나침반 바늘도 자석이기 때문에 자석 주위에서 나침반 바늘이 가리키는 방향이 달라집니다.

3 셀로판테이프는 자석을 이용한 물체가 아닙니다.

4 자석 비누 걸이는 © 부분에 자석이 붙어 있고, 자석이 철로 된 물체를 끌어당기는 성질을 이용한 예입니다.

실력 확 올리기

1 ③   2 ©   3 ②, ③   4 ㉠ 예 같은 ㉡ 예 다른
5 ①   6 ①, ⑤   7 ©   8 ①   9 ②
10 (1) S (2) 예 나침반 바늘이 원래 가리키던 방향(북쪽과 남쪽)으로 되돌아간다.

1 막대자석의 N극을 나침반에 가까이 가져가면 나침반 바늘의 빨간색 부분이 자석에서 멀어집니다.

2 나침반 바늘의 S극이 끌려 온 ㉮ 부분은 N극이고, 나침반 바늘의 N극이 끌려 온 ㉯ 부분은 S극입니다.

3 막대자석의 N극 쪽으로는 나침반 바늘의 S극이 끌려 오고, 막대자석의 S극 쪽으로는 나침반 바늘의 N극이 끌려 옵니다.

4 나침반 바늘도 자석이기 때문에 막대자석과 나침반 바늘 사이에는 서로 끌어당기거나 밀어 내는 힘이 작용합니다.

5 자석이 철로 된 물체를 끌어당기는 성질을 이용한 물체는 자석 장난감입니다.

더 알아보기
자석 창문 닦이, 나침반, 자석 팽이의 성질
- 자석 창문 닦이: 자석의 다른 극끼리 서로 끌어당기는 성질을 이용해 창문 밖을 닦을 수 있습니다.
- 나침반: 자석이 일정한 방향을 가리키는 성질을 이용해 북쪽과 남쪽을 가리킵니다.
- 자석 팽이: 자석의 같은 극끼리 서로 밀어 내는 성질을 이용해 팽이를 띄웁니다.

6 자석 신발 끈은 신발 끈을 쉽게 맬 수 있도록 자석의 같은 극끼리는 밀어 내고 다른 극끼리는 끌어당기는 성질을 이용하였습니다.

7 자석 클립 통은 윗부분이 자석으로 되어 있어 철 클립이 흩어지지 않게 보관할 수 있습니다.

8 자석의 성질을 이용하여 일상생활을 편리하게 해 주는 다양한 도구를 만들 수 있습니다.

9 자석 병따개, 자석 드라이버는 자석이 철로 된 물체를 끌어당기는 성질을 이용한 것이고, 자석 어항 청소 도구는 자석과 자석이 서로 끌어당기는 성질을 이용한 것입니다.

10 나침반 바늘도 자석이므로 막대자석의 N극을 나침반에 가까이 가져가면 나침반 바늘의 S극이 막대자석을 가리키고, 막대자석을 나침반에서 멀어지게 하면 나침반 바늘이 원래 가리키던 방향(북쪽과 남쪽)으로 되돌아갑니다.

채점 기준

(1)	'S'를 씀.	
(2)	**정답 키워드** 원래 가리키다 | 북쪽 | 남쪽 등 '나침반 바늘이 원래 가리키던 방향(북쪽과 남쪽)으로 되돌아간다.' 등과 같이 나침반 바늘의 움직임을 정확히 씀.	상
	나침반 바늘의 움직임을 썼지만, 표현이 부족함.	중

수행평가

1 ❶ 예 빨간색 부분 반대쪽(파란색) ❷ 예 빨간색 부분
2 (1) ㉠ S ㉡ 예 원래 가리키던 (2) 예 나침반 바늘도 자석이므로 나침반 바늘과 막대자석 사이에 서로 밀어 내거나 끌어당기는 힘이 작용하기 때문이다.

1 나침반 바늘의 빨간색 부분 반대쪽(S극)은 자석의 N극을 가리키고, 나침반 바늘의 빨간색 부분(N극)은 자석의 S극을 가리킵니다.

2 나침반 바늘도 자석이므로 막대자석의 N극을 나침반에 가까이 가져가면 나침반 바늘의 S극이 막대자석의 N극을 가리키고, 막대자석을 나침반에서 멀어지게 하면 나침반 바늘이 원래 가리키던 방향(북쪽과 남쪽)으로 되돌아갑니다.

단원 마무리

❶ 철   ❷ 예 끌어당긴다   ❸ 예 자석의 극
❹ 예 밀어 낸다   ❺ 예 끌어당긴다   ❻ S
❼ N   ❽ 극   ❾ 철   ❿ 다른   ⓫ 같은

단원 평가
36~39쪽

1 ②　　　2 (1) ㉡　(2) ㉠ 의자 다리(㉡)는 철로 만들어
졌기 때문이다.　　　3 ㉠ 끌어당기기　　　4 ④
5 ①　　　6 ③　　　7 ㉠, ㉢　8 ㉠ 많이　9 (1) ㉠ 북
쪽과 남쪽　(2) ㉠ 자석은 항상 일정한 방향을 가리킨다.
10 ④　　11 ①, ③　12 N　　13 ㉠ N ㉡ S
14 ㉢　　15 ①　　16 ㉡, ㉣　17 ㉢　　18 ②
19 ③　　20 (1) ㉠ 자석이 일정한 방향을 가리키는 성질
을 이용하였다.　(2) ㉠ 자석이 철로 된 물체를 끌어당기는
성질을 이용하였다.

1 철 집게, 철 클립, 철 나사못과 같이 철로 된 물체는
  자석에 붙지만, 고무줄은 자석에 붙지 않습니다.

2 의자 등받이는 플라스틱으로 되어 있어 자석에 붙지
  않지만, 다리는 철로 되어 있어 자석에 붙습니다.

채점 기준

(1)	'㉡'을 씀.	4점
(2)	**정답 키워드** 철 | 만들다 등 '의자 다리(㉡)는 철로 만들어졌기 때문이다.' 등과 같이 의자 다리가 자석에 붙는 까닭을 정확히 씀.	6점
	의자 다리가 자석에 붙는 까닭을 썼지만, 표현이 부족함.	3점

3 막대자석을 철로 된 물체에 가까이 가져가면 철로 된
  물체가 자석에 끌려 옵니다.

4 자석과 철로 된 물체는 약간 떨어져 있어도 서로 끌어
  당기며, 사이에 자석에 붙지 않는 물체가 있어도 서로
  끌어당깁니다.

5 자석과 철로 된 물체 사이에 자석에 붙지 않는 플라스
  틱판이 있어도 자석과 철 클립은 서로 끌어당기므로 철
  클립이 그대로 떠 있습니다.

6 막대자석의 양쪽 끝부분에 철 고리가 많이 붙습니다.

▲ 막대자석의 양쪽 끝부분에 붙은 철 고리

7 고리 모양 자석의 극은 철 클립이 가장 많이 붙어 있는
  양쪽 둥근 면입니다.

8 자석의 극은 다른 부분보다 철로 된 물체를 끌어당기는
  힘이 세기 때문에 철로 된 물체가 많이 붙습니다.

9 막대자석을 물 위에 띄우면 항상 N극은 북쪽을 가리
  키고 S극은 남쪽을 가리킵니다.

채점 기준

(1)	'북쪽과 남쪽'을 정확히 씀.	4점
(2)	**정답 키워드** 일정한 | 방향 등 '자석은 항상 일정한 방향을 가리킨다.' 등과 같이 실험을 통해 알 수 있는 자석의 성질을 정확히 씀.	8점
	자석의 성질을 썼지만, 표현이 부족함.	4점

10 나침반 바늘의 빨간색 부분은 자석의 N극과 같습니다.

11 두 자석의 같은 극끼리는 서로 밀어 내는 힘이 작용하고,
   다른 극끼리는 서로 끌어당기는 힘이 작용합니다.

12 자석의 다른 극끼리 마주 보게 하여 탑을 쌓은 것입니다.

13 막대자석의 S극을 가까이 했을 때 색종이를 감싼 자석이
   끌려 왔으므로 ㉮ 부분은 N극, ㉯ 부분은 S극입니다.

14 고리 자석도 자석이므로 막대자석과 서로 밀어 내거나
   끌어당기는 힘이 작용합니다.

15 막대자석의 N극을 나침반에서 멀어지게 하면 나침반
   바늘이 원래 가리키던 방향으로 되돌아갑니다.

16 막대자석의 N극 쪽으로는 나침반 바늘의 S극이 끌려
   오고, 막대자석의 S극 쪽으로는 나침반 바늘의 N극이
   끌려 옵니다.

17 나침반 바늘도 자석이므로 막대자석과 서로 밀어 내거
   나 끌어당기는 힘이 작용합니다.

18 철 못은 자석을 이용한 물체가 아닙니다.

19 자석 클립 통과 자석 비누 걸이 둘 다 자석이 철로 된
   물체를 끌어당기는 성질을 이용한 물체입니다.

20 나침반과 자석 스마트 기기 거치대는 자석을 이용한 물체
   입니다.

채점 기준

(1)	**정답 키워드** 자석 | 일정한 방향 등 '자석이 일정한 방향을 가리키는 성질을 이용하였다.' 등과 같이 자석의 성질을 정확히 씀.	5점
	나침반에 이용된 자석의 성질을 썼지만, 표현이 부족함.	3점
(2)	**정답 키워드** 자석 | 철로 된 물체 | 끌어당기다 등 '자석이 철로 된 물체를 끌어당기는 성질을 이용하였다.' 등과 같이 자석 스마트 기기 거치대에 이용된 자석의 성질을 정확히 씀.	5점
	자석 스마트 기기 거치대에 이용된 자석의 성질을 썼지만, 표현이 부족함.	3점

2. 물의 상태 변화

1 ㉢   2 ④   3 ㉠ 물 ㉡ 상태   4 ③

1 고드름과 수돗물은 눈에 보이고, 빨래에 있던 물은 눈에 보이지 않습니다.

2 생선 보관용 얼음은 고체 상태입니다.

3 얼음은 시간이 지나면 녹아 물이 됩니다. 이것은 고체에서 액체로 상태가 변한 것입니다.

4 물을 얼리면 액체인 물이 고체인 얼음으로 상태가 변합니다.

1 ⑤   2 ①, ②   3 ㉢   4 ㉡   5 ⑤
6 ㉡   7 ①   8 ⑤   9 ③, ④   10 ①
11 (1) 고드름 (2) 예 고드름이 녹아 물이 된다.

1 고체 상태의 얼음이 녹으면 액체 상태의 물이 되고, 액체 상태의 물이 마르면 기체 상태의 수증기가 됩니다.

2 수영장 물은 눈에 보이지만 손으로 잡을 수 없고, 눈은 눈에 보이고 손으로 잡을 수 있으며, 손에 있던 물은 눈에 보이지 않고 손으로 잡을 수 없습니다.

> **왜 틀렸을까?**
> ③ ㉠ 수영장 물과 ㉡ 눈은 눈에 보이지만, ㉢ 손에 있던 물은 눈에 보이지 않습니다.
> ④ ㉠ 수영장 물은 손으로 잡을 수 없지만, ㉡ 눈은 손으로 잡을 수 있습니다.
> ⑤ ㉠ 수영장 물과 ㉢ 손에 있던 물은 손으로 잡을 수 없지만, ㉡ 눈은 손으로 잡을 수 있습니다.

3 ㉠은 액체인 물이고, ㉡은 고체인 얼음이며, ㉢은 기체인 수증기입니다.

4 액체인 물은 눈에 보이지만 손으로 잡을 수 없고, 흐르는 성질이 있습니다.

5 병 안에 담긴 물은 액체이고, 얼음은 고체입니다. 기체인 수증기는 눈에 보이지 않아도 병 안을 채우고 있습니다.

6 따뜻한 손난로 위에 올린 얼음은 시간이 지남에 따라 녹아 물이 됩니다.

7 얼음이 녹아 물이 되는 것은 고체에서 액체로 상태가 변하는 것입니다.

8 물이 한 가지 상태에서 또 다른 상태로 변하는 현상을 물의 상태 변화라고 합니다.

9 액체인 물이 기체인 수증기로 상태가 변해 눈에 보이지 않습니다.

> **왜 틀렸을까?**
> ① 물의 상태는 액체에서 기체로 변합니다.
> ② 물이 액체에서 기체로 상태가 변합니다.
> ⑤ 물이 기체인 수증기로 상태가 변해 손으로 잡을 수 없습니다.

10 고체인 얼음이 녹으면 액체인 물이 됩니다.

> **왜 틀렸을까?**
> ②, ③, ④ 물이 액체에서 기체로 상태가 변하는 현상입니다.
> ⑤ 물이 액체에서 고체로 상태가 변하는 현상입니다.

11 고체인 고드름이 녹아 액체인 물로 변하고, 물은 기체인 수증기로 변합니다.

채점 기준		
(1)	'고드름'을 정확히 씀.	
(2)	**정답 키워드** 고드름 | 녹다 | 물 '고드름이 녹아 물이 된다.'와 같이 고드름이 녹을 때 관찰할 수 있는 물의 상태 변화 중 고체에서 액체로 변하는 현상을 정확히 씀.	상
	고드름이 녹을 때 관찰할 수 있는 물의 상태 변화 중 고체에서 액체로 변하는 현상을 썼지만 표현이 부족함.	중

1 ❶ 예 모양 ❷ 물 ❸ 예 흐르는 ❹ 수증기
2 예 고체인 얼음은 액체인 물로 상태가 변하고, 액체인 물은 기체인 수증기로 상태가 변한다.

1 얼음은 눈에 보이고 일정한 모양이 있으며, 고체인 얼음이 녹으면 액체인 물이 됩니다. 물은 눈에 보이고 흐르는 성질이 있으며, 액체인 물이 기체인 수증기로 상태가 변해 눈에 보이지 않게 됩니다.

2 고체인 얼음이 녹아 액체인 물로 상태가 변하고, 액체인 물은 시간이 지나면 기체인 수증기로 상태가 변해 눈에 보이지 않습니다.

1 ②　　**2** ④, ⑤　　**3** ㉡　　**4** 수증기

1 물이 얼면 부피가 늘어나므로 물의 높이가 처음 물의 높이보다 높아집니다.

2 얼음이 녹을 때 무게는 변하지 않고 부피는 줄어듭니다.

> **왜 틀렸을까?**
> ①, ② 무게는 변하지 않습니다.
> ③ 부피는 줄어듭니다.

3 지퍼 백에 넣지 않은 거름종이(㉡)는 물기가 말라 물로 쓴 글자가 보이지 않게 됩니다.

4 증발은 물 표면에서 액체인 물이 기체인 수증기로 상태가 변하는 현상이고, 끓음은 물 표면과 물속에서 액체인 물이 기체인 수증기로 상태가 변하는 현상입니다.

1 9.7　　**2** ②　　**3** 예 늘어나기　　**4** ④
5 ②　　**6** ③　　**7** ①, ④　　**8** ㉡　　**9** ⑤
10 ③　　**11** (1) ㉡ (2) 예 물 표면에서 액체인 물이 기체인 수증기로 상태가 변하는 현상이다.

1 물이 얼 때 무게는 변하지 않습니다.

2 물이 얼어 얼음이 될 때 물의 높이가 높아지므로 부피가 늘어나는 것을 알 수 있습니다.

3 겨울철에 날씨가 매우 추워지면 수도관을 지나는 물이 얼어 부피가 늘어나서 수도관에 연결된 계량기가 깨지기도 합니다.

4 얼음이 녹아 물이 될 때 부피가 줄어들기 때문에 물의 높이가 낮아지며, 무게는 변하지 않습니다.

> **왜 틀렸을까?**
> ①, ③ 얼음이 녹아 물이 될 때 무게는 변하지 않습니다.
> ② 얼음이 녹아 물이 될 때 부피는 줄어듭니다.
> ⑤ 얼음이 녹아 물이 될 때 다른 물질로 변하지 않습니다. 물의 상태만 변합니다.

5 꽁꽁 언 얼음과자가 녹으면 부피가 줄어들어 튜브 안에 빈 공간이 생깁니다. 이때 얼음과자의 무게는 변하지 않습니다.

6 얼음 틀에 물을 가득 채워 얼리면 얼음이 얼 때 부피가 늘어나기 때문에 얼음이 서로 붙습니다.

7 거름종이의 물은 시간이 지나 눈에 보이지 않는 수증기로 변해 공기 중으로 흩어집니다.

> **왜 틀렸을까?**
> ② 거름종이의 물은 수증기로 상태가 변합니다.
> ③ 거름종이의 물은 기체인 수증기로 변합니다.
> ⑤ 거름종이의 물은 기체인 수증기로 변해 글자가 남아 있지 않습니다.

8 젖은 빨래를 말리는 것은 물의 증발을 이용한 것입니다.

> **왜 틀렸을까?**
> ㉠ 달걀 삶기는 물의 끓음을 이용한 것입니다.
> ㉢ 다림질하기는 물의 끓음을 이용한 것입니다.

9 물이 끓으면 물 표면과 물속에서 물이 수증기로 변해 많은 양의 기포가 생기고 물이 줄어듭니다.

10 물이 증발하거나 끓을 때에는 공통적으로 액체인 물이 기체인 수증기로 변해 공기 중으로 흩어집니다.

> **왜 틀렸을까?**
> ① 물의 양은 줄어듭니다.
> ②, ⑤ 물이 증발할 때는 물 표면에서, 물이 끓을 때는 물 표면과 물속에서 물의 상태 변화가 일어납니다.
> ④ 액체인 물이 기체인 수증기로 상태가 변합니다.

11 증발은 물 표면에서 물이 수증기로 변하는 현상입니다.

채점 기준		
(1)	'㉡'을 씀.	
(2)	**정답 키워드** 물 | 표면 | 수증기 '물 표면에서 액체인 물이 기체인 수증기로 상태가 변하는 현상이다.'와 같이 물의 증발이 무엇인지 정확히 씀.	상
	물의 증발이 무엇인지 썼지만 표현이 부족함.	중

1 ❶ 예 변하지 않는다　**❷** 예 줄어든다
2 예 얼음이 녹을 때 부피가 줄어들기 때문이다.

1 얼음이 녹아 물이 될 때 무게는 변하지 않고 부피는 줄어듭니다. 이때 줄어든 부피는 물이 얼 때 늘어난 부피입니다.

2 얼음이 녹을 때 부피가 줄어들기 때문에 얼린 요구르트를 녹이면 튀어나왔던 마개의 모양이 얼기 전으로 되돌아갑니다.

개념 쏙 익히기 63쪽

1 ② **2** ㉠ **3** ㉣ **4** ⑤

1 공기 중 수증기가 차가운 비커 바깥면에 닿아 물방울로 변합니다.

2 방 안의 따뜻한 공기에 포함된 수증기가 찬 유리창 안쪽 면에서 응결해 물방울이 맺힙니다.

> **왜 틀렸을까?**
> ㉡ 추운 겨울날 수도관에 연결된 계량기가 깨지는 것은 물이 얼 때 부피가 늘어나는 것과 관련된 현상입니다.
> ㉢ 어항의 물이 시간이 지나면 줄어드는 것은 물이 증발하는 것과 관련된 현상입니다.

3 물이 부족하면 깨끗이 씻기 어렵고 마실 물이 부족해져 건강이 나빠지고, 농작물이 잘 자라지 못해 식량이 부족해집니다.

4 솔라볼은 안쪽 통에 더러운 물을 담아 햇빛 아래에 두면 증발한 수증기가 안쪽 표면에 응결한 뒤 둥근 표면을 따라 흘러 바깥쪽 통에 모이게 한 장치입니다.

실력 쑥 올리기 64~66쪽

1 ② **2** ② **3** ㉠ 수증기 ㉡ 응결 **4** ①, ④
5 ⑤ **6** ① **7** 지원 **8** 수증기 **9** ③
10 ①, ④ **11** (1) ㉠ (2) 예 물이 수증기로 변하는 증발, 수증기가 물로 변하는 응결을 이용한다.

1 얼음을 넣지 않은 ㉠ 비커 바깥면에는 아무런 변화가 없고, 얼음을 넣은 ㉡ 비커 바깥면에는 작은 물방울이 맺혔다가 물방울의 크기가 점점 커집니다.

2 기체인 수증기가 액체인 물로 상태가 변하는 현상을 응결이라고 합니다.

3 차가운 물체에 맺힌 물방울은 공기 중 수증기가 응결한 것입니다.

4 차가운 물체에 맺힌 물방울은 기체인 수증기가 액체인 물로 응결한 것입니다.

5 차가운 유리컵 바깥면에 물방울이 맺히는데, 이것은 기체인 수증기가 액체인 물로 상태가 변한 것입니다.

> **왜 틀렸을까?**
> ① 물의 상태는 변합니다.
> ②, ③, ④ 기체에서 액체로 상태가 변합니다.

6 물은 생물이 살아가는 데 꼭 필요합니다.

7 인구 증가와 산업 발달로 물 사용량이 증가했고, 기후 변화로 비의 양이 감소하여 물이 부족한 곳이 있습니다.

8 와카워터는 식물의 줄기로 높은 탑을 만들고 탑의 사이에 그물을 연결한 것으로, 기온이 낮아지는 밤에 기체인 수증기가 액체인 물로 그물에 맺힙니다. 그물에 맺힌 물이 탑 아래쪽의 통에 모이면 물을 이용할 수 있습니다.

9 와카워터는 수증기가 물로 변하는 상태 변화를 이용하여 물을 얻는 장치입니다.

10 생활에서 물 절약을 실천하면 물 부족 문제를 해결할 수 있습니다.

11 ㉠은 차가운 새벽에 공기 중 수증기가 응결하는 현상을 이용하여 물을 얻는 장치이고, ㉡과 ㉢은 오염된 물이 증발해 수증기로 상태가 변했다가 다시 깨끗한 물로 응결하는 현상을 이용하여 물을 얻는 장치입니다.

채점 기준		
(1)	'㉠'을 씀.	
(2)	**정답 키워드** 물－수증기－증발 ┃ 수증기－물－응결 '물이 수증기로 변하는 증발, 수증기가 물로 변하는 응결을 이용한다.'와 같이 안개 수집기, 솔라볼, 엘리오도메스티코 증류기가 이용한 물의 상태 변화를 정확히 씀.	상
	안개 수집기, 솔라볼, 엘리오도메스티코 증류기가 이용한 물의 상태 변화를 썼지만 표현이 부족함.	중

수행평가 67쪽

1 ㈏
2 ㉠
3 예 공기 중 수증기가 차가운 안경알 바깥면에서 응결하여 액체인 물로 상태가 변하기 때문이다.

1 얼음을 넣지 않은 ㈎ 비커 바깥면에는 아무런 변화가 없고, 얼음을 넣은 ㈏ 비커 바깥면에는 작은 물방울이 맺혔다가 물방울의 크기가 점점 커집니다.

2 차가운 비커 바깥면에 맺힌 물방울은 공기 중 수증기가 응결한 것입니다.

3 뜨거운 음식으로 따뜻해진 공기 중 수증기가 차가운 안경알 바깥면에서 액체인 물로 응결합니다.

단원 마무리 68~69쪽

❶ 수증기 ❷ 상태 ❸ 예 변함 없고 ❹ 예 줄어든다
❺ 수증기 ❻ 물 ❼ 상태

단원 평가 70~73쪽

1 ㉠ **2** (1) ㉡, ㉢ (2) ㉠, ㉤ (3) ㉢, ㉣ **3** ④
4 (1) 물 (2) 예 고체에서 액체로 상태가 변한다. **5** ①
6 9.7 **7** ④ **8** ② **9** ④ **10** 500
11 ②, ④ **12** 예 액체인 물이 기체인 수증기로 변해 공기
중으로 흩어지기 때문이다. **13** ②, ④ **14** 인영
15 ㉠ 물(물방울) ㉡ 응결 **16** (1) ㉣ (2) 예 공기
중 수증기가 차가운 유리창 안쪽 면에 닿아 물방울로 변했기
때문이다. **17** ③ **18** ④ **19** ① **20** 응결

1 빗물, 고드름, 눈, 수돗물은 눈에 보이고, 손에 있던 물과
빨래에 있던 물은 눈에 보이지 않습니다.

2 물은 고체인 얼음, 액체인 물, 기체인 수증기의 세 가지
상태로 있습니다.

3 물의 기체 상태인 수증기는 공기 중에 있지만 눈에 보이지
않습니다.

4 얼음이 녹아 물이 되는 것은 고체에서 액체로 상태가
변하는 것입니다.

채점 기준

(1)	'물'을 정확히 씀.	4점
(2)	**정답 키워드** 고체 | 액체 '고체에서 액체로 상태가 변한다.'와 같이 얼음이 녹아 물이 될 때의 상태 변화를 정확히 씀.	8점
	얼음이 녹아 물이 될 때의 상태 변화를 썼지만 표현이 부족함.	4점

5 물의 부피 변화는 물의 높이 변화로 관찰할 수 있습니다.

6 물이 얼 때 무게는 변하지 않습니다.

7 물이 얼기 전과 물이 언 후의 시험관의 무게는 같고, 물이
얼기 전보다 물이 언 후 물의 높이가 높아집니다.

8 겨울철에 갑자기 추워지면 수도관에 연결된 계량기가
깨지기도 하는 까닭은 수도관을 지나는 물이 얼어 부피가
늘어나기 때문입니다.

9 얼음이 녹아 물이 될 때 무게는 변하지 않습니다.

10 얼음이 녹아 물이 되어도 무게는 변하지 않기 때문에 페트
병 안의 얼음이 녹기 전과 녹은 후의 무게는 같습니다.

11 ㉡ 거름종이의 물은 기체인 수증기로 변해 공기 중으로
흩어지기 때문에 물기가 마르고 물로 쓴 글자가 보이지
않게 됩니다.

12 물이 끓으면 기체인 수증기가 되어 공기 중으로 흩어지기
때문에 물의 양이 줄어듭니다.

채점 기준

정답 키워드 액체인 물 | 기체인 수증기 | 흩어지다 '액체인 물이 기체인 수증기로 변해 공기 중으로 흩어지기 때문이다.'와 같이 물이 끓고 난 뒤 물의 높이가 물이 끓기 전과 비교하여 낮아지는 까닭을 정확히 씀.	8점
물이 끓고 난 뒤 물의 높이가 물이 끓기 전과 비교하여 낮아 지는 까닭을 썼지만 표현이 부족함.	4점

13 물이 끓을 때 액체인 물은 기체인 수증기로 변하는데,
이 수증기로 음식을 찌거나 스팀다리미로 다림질을
하기도 합니다.

14 증발과 끓음은 액체인 물이 기체인 수증기로 상태가
변하는 현상입니다.

15 공기 중의 수증기가 차가운 비커 바깥면에 닿으면 물방
울로 변하는데, 이렇게 기체인 수증기가 액체인 물로
변하는 현상을 응결이라고 합니다.

16 방 안의 따뜻한 공기에 포함된 수증기가 찬 유리창 안쪽
면에서 응결한 것입니다.

채점 기준

(1)	'㉣'을 씀.	4점
(2)	**정답 키워드** 수증기 | 차가운 유리창 | 물방울 '공기 중 수증기가 차가운 유리창 안쪽 면에 닿아 물방울로 변했기 때문이다.'와 같이 유리창 안쪽에 나타난 물의 상태 변화의 까닭을 정확히 씀.	8점
	유리창 안쪽에 나타난 물의 상태 변화의 까닭을 썼지만 표현이 부족함.	4점

17 차가운 물체에 맺힌 물방울은 공기 중 수증기가 응결한
것입니다.

18 튜브에 든 얼음과자가 녹으면 튜브 안에 빈 공간이
생기는 것은 얼음이 녹아 물이 될 때 부피가 줄어들기
때문입니다. 나머지는 모두 기체인 수증기가 액체인
물로 응결한 것입니다.

19 인구 증가와 산업 발달로 물 사용량이 증가했고, 기후
변화로 비의 양이 감소하여 물이 부족한 곳이 있습니다.

20 안개 수집기는 이른 아침 공기 중 수증기가 응결하여
그물망에 닿아 맺힌 물을 모으는 장치입니다.

3. 땅의 변화

개념 쏙 익히기 81쪽

1 (1) ㉠ (2) ㉡ **2** ㉠ 침식 ㉡ 운반 ㉢ 퇴적
3 ②, ④ **4** ①

1 흙 언덕 위쪽(㉠)은 경사가 급해 흙이 많이 깎이고, 흙 언덕 아래쪽(㉡)은 경사가 완만하여 흙이 많이 쌓입니다.

2 흐르는 물의 침식 작용, 운반 작용, 퇴적 작용은 땅의 모습을 변화시킵니다.

3 강의 상류 주변은 강폭이 좁고 경사가 급하며 큰 바위나 모난 돌이 많고 침식 작용이 활발합니다.

4 강의 하류는 퇴적 작용이 활발하여 모래나 고운 흙을 많이 볼 수 있습니다.

실력 확 올리기 82~84쪽

1 ④ **2** ㉢ **3** ③ **4** ④
5 ㉠ 예 운반된다 ㉡ 예 쌓인다 **6** ①, ③ **7** ②, ⑤
8 ㉠ **9** ④ **10** ①, ③ **11** (1) 예 완만해진다.
(2) 예 강물은 강의 상류에 있는 바위나 큰 돌을 깎고 운반하는데, 이 과정에서 만들어진 모래나 고운 흙이 강의 하류에 쌓이기 때문이다.

1 색 모래를 뿌리면 흐르는 물에 의해 흙이 어떻게 이동하는지 쉽게 관찰할 수 있습니다.

2 흙 언덕 위쪽에서 물을 흘려 보내면 물은 흙 언덕을 깎고, 깎인 흙은 물과 함께 이동하여 흙 언덕 아래쪽에 쌓입니다.

3 흙 언덕 위쪽에서는 침식 작용이 활발하게 일어나고, 흙 언덕 아래쪽에서는 퇴적 작용이 활발하게 일어납니다. 따라서 흙 언덕의 위쪽에서 물을 많이 부으면 흙 언덕의 모습이 더 크게 변합니다.

4 침식 작용은 흐르는 물이 땅에 있는 바위나 돌을 깎는 것으로, 경사가 급한 곳에서 활발하게 일어나고 침식 작용에 의해 땅의 모습이 변합니다.

5 흐르는 물이 땅 위에 있는 바위나 돌, 흙을 깎고, 깎인 지표의 물질은 흐르는 물과 함께 운반되어 평평한 곳에 쌓입니다.

6 홍수가 나면 평소보다 많은 양의 물이 빠르게 땅 위를 흘러가 침식 작용과 운반 작용이 더 활발하고, 퇴적되는 흙의 양도 많기 때문에 땅의 모습이 크게 변합니다.

7 ㉮ 지역은 강의 상류로 강폭이 좁고 경사가 급합니다. 또한 물살이 빠르며 침식 작용이 활발합니다.

8 큰 바위나 모난 돌은 강의 상류인 ㉮ 지역에서 주로 볼 수 있으며, 침식 작용이 활발한 곳에서 볼 수 있습니다.

9 강 상류는 강폭이 좁고 강의 경사가 급하며 퇴적 작용보다 침식 작용이 활발합니다. 강 하류는 강폭이 넓고 강의 경사가 완만하며 침식 작용보다 퇴적 작용이 활발합니다.

10 강의 상류는 침식 작용이 활발하므로 큰 바위나 돌, 폭포나 계곡 등을 볼 수 있습니다.

> **더 알아보기**
>
> 강의 하류는 침식 작용보다 퇴적 작용이 활발하여 모래나 고운 흙을 볼 수 있습니다.
>
>
> ▲ 퇴적된 지형 ▲ 모래

11 강의 상류는 침식 작용이 활발하고, 강의 하류는 퇴적 작용이 활발합니다.

채점 기준

(1)	'완만해진다.'와 같이 정확히 씀.	
(2)	**정답 키워드** 상류 – 깎다 │ 하류 – 쌓이다 '강물은 강의 상류에 있는 바위나 큰 돌을 깎고 운반하는데, 이 과정에서 만들어진 모래나 고운 흙이 강의 하류에 쌓이기 때문이다.'와 같이 강의 하류에서 모래나 고운 흙을 많이 볼 수 있는 까닭을 정확히 씀.	상
	강의 하류에서 모래나 고운 흙을 많이 볼 수 있는 까닭을 썼지만 표현이 부족함.	중

수행평가 85쪽

1 ❶ 위쪽 **❷** 아래쪽
2 예 흐르는 빗물이 언덕 위쪽의 흙을 깎고, 깎인 흙이 빗물과 함께 이동하여 언덕 아래쪽에 쌓이기 때문이다.

1 흐르는 물은 흙 언덕 위쪽의 흙을 깎고, 깎인 흙은 물과 함께 아래쪽으로 이동하여 흙 언덕 아래쪽에 쌓입니다.

2 흐르는 물의 침식 작용, 운반 작용, 퇴적 작용은 땅의 모습을 변화시킵니다.

개념 쏙 익히기 89쪽

1 ㉠ **2** ⑤ **3** ㉠ **4** ②, ④

1 화산은 마그마가 땅 위로 나오는 화산 활동으로 만들어진 지형으로, 크기와 생김새가 다양합니다.

2 화산 가스는 대부분 수증기이고 여러 가지 기체가 섞여 있습니다.

3 연기는 실제 화산에서 화산 가스에 해당합니다.

4 마그마가 지표 가까이에서 빠르게 식어서 만들어진 암석은 현무암입니다. ①, ③은 화강암이고 ②, ④는 현무암입니다.

실력 확 올리기 90~92쪽

1 ④ **2** ③ **3** ② **4** 화산재 **5** ③
6 ③ **7** (1) 화산 가스 (2) 용암 **8** ㉠
9 ⑤ **10** ② **11** (1) 현무암 (2) ㉖ 현무암은 마그마가 지표 가까이에서 빠르게 식어서 만들어졌기 때문에 알갱이의 크기가 작다.

1 땅속 깊은 곳에 암석이 녹아 있는 것을 마그마라고 하며, 화산 활동으로 만들어진 지형을 화산이라고 합니다.

2 화산은 꼭대기에 분화구가 있고, 화산이 아닌 산은 꼭대기에 분화구가 없습니다. 한라산과 백두산은 화산이고, 설악산은 화산이 아닙니다.

3 화산 꼭대기에는 대부분 움푹 파인 곳이 있는데, 이곳을 분화구라고 합니다.

4 화산재는 알갱이의 크기가 매우 작은 고체 상태의 화산 분출물로, 주로 화산 가스와 함께 분출합니다.

5 화산 가스는 기체 상태의 화산 분출물로, 눈에 보이지 않고 대부분 수증기이며 화산 가스가 나올 때 냄새가 나기도 합니다.

6 화산재와 화산 가스는 모형실험에서는 나오지 않으며, 흘러나온 마시멜로는 시간이 지나면 굳습니다.

7 화산 활동 모형 꼭대기에서 나오는 연기는 화산 가스에 해당하고, 흐르는 마시멜로는 용암에 해당합니다.

8 화산 활동 모형의 용암은 뜨겁지 않지만, 실제 용암은 매우 뜨겁습니다.

9 화강암은 마그마가 땅속 깊은 곳에서 서서히 식어서 만들어진 암석으로, 알갱이의 크기가 큽니다.

10 현무암은 색깔이 어둡지만 화강암은 대체로 밝은 바탕에 반짝이는 알갱이가 있습니다.

11 마그마가 빠르게 식어서 만들어진 암석은 알갱이의 크기가 작고, 서서히 식어서 만들어진 암석은 알갱이의 크기가 큽니다.

채점 기준

(1)	'현무암'을 씀.	
(2)	**정답 키워드** 지표 가까이 | 빠르다 '현무암은 마그마가 지표 가까이에서 빠르게 식어서 만들어졌기 때문에 알갱이의 크기가 작다.'와 같이 현무암의 알갱이 크기가 작은 까닭을 정확히 씀.	상
	현무암의 알갱이 크기가 작은 까닭을 썼지만 표현이 부족함.	중

수행평가 93쪽

1 ❶ ㉢, ㉣ ❷ ㉖ 어둡다
❸ ㉠, ㉢ ❹ ㉖ 밝다
2 (1) ㉯ (2) ㉖ 화강암은 마그마가 땅속 깊은 곳에서 서서히 식어서 만들어져 알갱이의 크기가 크다.

1 현무암과 화강암은 대표적인 화성암으로, 암석의 색깔과 알갱이의 크기 등의 특징이 다릅니다.

2 마그마가 지표 가까이에서 빠르게 식으면 알갱이의 크기가 작은 현무암이 만들어지고, 마그마가 땅속 깊은 곳에서 서서히 식으면 알갱이의 크기가 큰 화강암이 만들어집니다.

현무암

화강암

개념 쏙 익히기
97쪽

1 ㉢ **2** 예 마스크 **3** ② **4** ⑤

1 화산 가스 때문에 숨쉬기가 어려워지는 것은 화산 활동이 우리에게 주는 피해입니다.

2 화산재가 떨어질 때는 마스크로 코와 입을 막고 실내로 대피합니다.

3 홍수는 지진과는 관계가 없는 자연재해입니다.

4 산에 있을 때 산사태가 발생하면 떨어지는 물체나 땅꺼짐에 주의하면서 안전한 곳으로 대피합니다.

실력 쏙 올리기
98~100쪽

1 ④ **2** ④ **3** ② **4** ㉠ **5** ④
6 ③ **7** ㉢ **8** ③ **9** ③, ⑤ **10** ㉢
11 (1) ㉢ (2) 예 흔들림이 멈추면 승강기 대신 계단을 이용하여 1층으로 내려간다.

1 ①, ⑤는 화산 활동이 우리에게 주는 피해이고, ②, ③은 화산 활동이 우리에게 주는 이로움입니다. 화산 활동은 우리에게 피해와 이로움을 모두 줍니다.

2 화산 주변의 열을 이용하여 온천을 개발하거나 지열 발전으로 전기를 생산합니다.

3 화산재는 비행기 운항을 중단시키거나 농작물을 뒤덮어 피해를 주기도 하지만, 화산재로 뒤덮인 땅은 오랜 시간이 지나면 비옥해져 농작물이 잘 자랄 수 있습니다.

4 화산재가 떨어지면 문과 창문을 닫고 실내에 머물며, 야외에 있을 때 화산이 분출하면 용암을 피해 높은 곳으로 대피합니다.

5 화산 활동에 대비하여 평소에 구급함, 마스크, 손전등, 마실 물 등을 준비합니다.

6 지진의 세기를 나타내는 규모의 숫자가 클수록 강한 지진입니다.

7 최근 우리나라에서도 지진이 자주 발생하여 많은 피해를 주고 있습니다.

8 지진이 발생하면 건물이 무너지고 산사태가 발생하는 등 재산 피해와 인명 피해가 발생합니다.

왜 틀렸을까?
③ 비가 오는 것은 지진이 발생하는 것과는 직접적인 관계가 없습니다.

9 건물 밖에 있을 때는 건물이 무너질 위험이 있으므로 건물이나 벽에서 멀리 떨어진 곳으로 이동합니다.

10 지진이 발생하면 탁자 아래로 들어가 탁자 다리를 붙잡고 머리와 몸을 보호합니다.

11 지진으로 땅이 크게 흔들리는 시간은 1~2분 정도입니다. 이 시간 동안에 이동하면 건물이 무너지거나 물건들이 떨어져 오히려 큰 부상을 입을 수 있으므로 흔들림이 멈춘 후에 안전한 곳으로 대피합니다.

채점 기준		
(1)	'㉢'을 씀.	
(2)	**정답 키워드** 흔들림 | 멈추다 | 계단 '흔들림이 멈추면 승강기 대신 계단을 이용하여 1층으로 내려간다.'와 같이 지진이 발생했을 때의 대처 방법을 정확히 고쳐 씀.	상
	지진이 발생했을 때의 대처 방법을 고쳐 썼지만 표현이 부족함.	중

수행평가
101쪽

1 ❶ 예 산사태 ❷ 예 갈라져
2 (1) ㉢ ○
(2) ㉠ ○
(3) 예 문을 열어 밖으로 나갈 수 있게 한다.

1 지진이 발생하면 바다에서 큰 파도가 발생하기도 하고 산사태가 나거나 도로가 갈라지기도 합니다.

2 지진으로 인한 흔들림이 멈추면 가스와 전기를 차단하여 화재가 발생하는 것을 방지하고 문을 열어 밖으로 나갈 수 있게 합니다.

단원 마무리
102~103쪽

❶ 침식 ❷ 운반 ❸ 퇴적 ❹ 예 좁고
❺ 예 완만 ❻ 예 분화구 ❼ 용암 ❽ 예 고체
❾ 예 어두운 ❿ 예 서서히 ⓫ 예 피해 ⓬ 예 이로움
⓭ 지진 ⓮ 계단

단원 평가 104~107쪽

1 ㉠ **2** ⑤ **3** 예 흐르는 물 **4** ② **5** ㉡
6 (1) ㉠ 강의 상류 ㉡ 강의 하류 (2) 예 ㉠에서는 침식 작용이 활발하게 일어나고, ㉡에서는 퇴적 작용이 활발하게 일어난다. **7** ⑤ **8** ②, ③ **9** ⑤ **10** ④
11 ③ **12** (1) 예 검붉은색을 띤다. 등 (2) 예 화산 활동 모형의 용암은 뜨겁지 않지만, 실제 용암은 매우 뜨겁다. 등
13 ①, ④ **14** (1) 현무암 (2) 화강암 **15** ㉠ 용암 ㉡ 화산재 **16** ① **17** ④ **18** ㉢ **19** ③
20 예 책상 아래로 들어가 책상 다리를 꼭 잡고 머리와 몸을 보호한다. 등

1 색 모래를 흙 언덕의 위쪽에 뿌린 후 물뿌리개로 물을 조금씩 흘려 보내며 흙 언덕의 모습 변화를 관찰합니다.

2 흙 언덕의 위쪽에서 물을 흘려 보내면 물은 흙 언덕을 깎고, 깎인 흙은 물과 함께 이동하여 흙 언덕의 아래쪽에 쌓입니다.

3 흙이 많이 깎이는 곳은 흙 언덕의 위쪽이고, 흙이 많이 쌓이는 곳은 흙 언덕의 아래쪽입니다.

4 ㈎ 강의 상류는 강폭이 좁고 경사가 급하며, ㈏ 강의 하류는 강폭이 넓고 경사가 완만합니다. 흐르는 물은 강 주변의 모습을 서서히 변화시킵니다.

5 강의 하류에서는 퇴적 작용이 활발하게 일어나 모래나 고운 흙을 많이 볼 수 있습니다.

6 강의 상류는 강폭이 좁고 경사가 급하여 강물에 의한 침식 작용이 활발하게 일어나고, 강의 하류는 강폭이 넓고 경사가 완만하여 강물에 의한 퇴적 작용이 활발하게 일어납니다.

채점 기준		
(1)	㉠ '강의 상류', ㉡ '강의 하류'를 정확히 씀.	4점
(2)	**정답 키워드** 침식 작용 | 퇴적 작용 '㉠(강의 상류)에서는 침식 작용이 활발하게 일어나고, ㉡(강의 하류)에서는 퇴적 작용이 활발하게 일어난다.'와 같이 강의 상류와 강의 하류에서 활발하게 일어나는 흐르는 물의 작용을 정확히 씀.	8점
	강의 상류(㉠)와 강의 하류(㉡)에서 활발하게 일어나는 흐르는 물의 작용을 썼지만 표현이 부족함.	4점

7 용암은 땅속에 있던 마그마가 지표로 나온 것으로 뜨거운 액체입니다.

8 산꼭대기에 분화구가 있는 한라산과 후지산은 화산이고, 분화구가 없는 설악산과 에베레스트산은 화산이 아닙니다.

9 화산은 산봉우리가 하나이지만, 화산이 아닌 산은 여러 개의 봉우리가 능선으로 이어져 있으며 능선 사이에 골짜기가 발달되어 있습니다.

10 화산 가스는 기체 상태의 화산 분출물로, 눈에 보이지 않고 대부분 수증기이며 여러 가지 기체가 섞여 있습니다.

11 ㉠은 고체인 화산재, ㉡은 액체인 용암, ㉢은 고체인 화산 암석 조각입니다.

12 실제 화산 활동에서 더 많은 물질이 나오고, 나오는 물질의 색깔도 다릅니다.

채점 기준		
(1)	**정답 키워드** 검붉은색 '검붉은색을 띤다.'와 같이 공통점을 정확히 씀.	6점
	화산 활동 모형의 용암과 실제 용암의 공통점을 썼지만 표현이 부족함.	3점
(2)	**정답 키워드** 용암 | 뜨겁다 '화산 활동 모형의 용암은 뜨겁지 않지만, 실제 용암은 매우 뜨겁다.'와 같이 화산 활동 모형과 실제 화산의 차이점을 정확히 씀.	6점
	화산 활동 모형과 실제 화산의 차이점을 썼지만 표현이 부족함.	3점

13 현무암은 암석의 색깔이 어둡고 알갱이의 크기가 작습니다.

14 현무암은 색깔이 어둡고 알갱이의 크기가 작으며, 화강암은 색깔이 밝고 알갱이의 크기가 큽니다.

15 화산 활동으로 용암이 흘러 산불이 발생하기도 하고, 화산재로 인해 비행기가 고장나거나 운항이 중단되기도 합니다.

16 화산 활동이 발생하여 화산재가 떨어질 때는 문과 창문을 닫고 젖은 수건으로 빈틈이나 환기구 등을 막습니다.

17 지진이 발생하면 사람이나 재산에 많은 피해를 줄 수 있습니다.

18 1층으로 내려갈 때는 승강기 대신 계단을 이용합니다.

19 건물 밖에 있을 때는 가방이나 손으로 머리를 보호하고 건물에서 멀리 떨어진 넓은 곳으로 대피합니다.

20 학교 안에서 지진이 발생했을 경우에는 튼튼한 책상 아래로 들어가 책상 다리를 꼭 잡고 머리와 몸을 보호합니다.

채점 기준		
정답 키워드 책상 아래 - 머리 - 몸 - 보호 '책상 아래로 들어가 책상 다리를 꼭 잡고 머리와 몸을 보호한다.'와 같이 학교에 있을 때 지진이 발생한 경우 대처 방법을 정확히 씀.		8점
학교에 있을 때 지진이 발생한 경우 대처 방법을 썼지만 표현이 부족함.		4점

4. 다양한 생물과 우리 생활

개념 쏙 익히기   115쪽

1 물 **2** ② **3** ⑤ **4** ㉠ 균사 ㉡ 균류

1 버섯은 물이 충분한 곳, 습한 곳에서 잘 자랍니다.

2 버섯을 디지털 현미경으로 관찰하면 실처럼 가늘고 긴 것이 엉켜 있습니다. 곰팡이를 디지털 현미경으로 관찰하면 실처럼 가늘고 긴 선들이 엉켜 있고 작고 둥근 알갱이가 보입니다.

3 균류는 따뜻하고 그늘지며 습한 곳에서 잘 자랍니다. 죽은 생물과 같이 양분이 있는 곳에서 살아갑니다.

4 버섯, 곰팡이와 같이 가늘고 긴 실 모양의 균사로 이루어진 생물을 균류라고 합니다.

실력 확 올리기   116~118쪽

1 지율 **2** ③, ⑤ **3** ③ **4** ㉡, ㉮ 초점 조절 나사
5 ④ **6** ①, ⑤ **7** ㉢ **8** 균사 **9** ②
10 ㉢, ㉣ **11** (1) ㉠ 균사 ㉡ 포자 (2) ㉮ 가늘고 긴 실 모양의 균사로 이루어져 있다. 포자를 만들어 자손을 퍼뜨린다. 등

1 물을 주지 않은 버섯 배지에서는 버섯이 자라지 않고, 물을 준 버섯 배지에서만 버섯이 자랍니다. 물을 준 버섯 배지에서 버섯이 자라는 것으로 보아 버섯은 물이 충분한 곳에서 잘 자랍니다.

▲ 물을 준 버섯 배지

2 버섯은 따뜻하고 그늘지며 습한 곳에서 잘 자랍니다.

3 작은 가루나 알갱이가 보이는 것은 곰팡이를 돋보기로 관찰했을 때의 결과입니다.

4 ㉠은 조명 조절 나사로 밝기를 조절하고, ㉢은 대물렌즈로 관찰 대상을 크게 보이게 합니다. ㉡은 배율 조절 바퀴라고 부르기도 합니다.

5 디지털 현미경의 대물렌즈를 버섯이 붙어 있는 셀로판테이프에 가까이 놓고, 초점 조절 나사를 돌려 초점을 맞춘 뒤 버섯의 균사를 관찰합니다.

6 곰팡이를 돋보기로 관찰하면 작은 가루나 알갱이가 보이고, 가느다란 실 같은 모양이 보입니다. 표면에 색깔이 다른 부분이 있으며 맨눈으로 보면 정확한 모습을 관찰하기 어렵습니다.

7 버섯과 곰팡이를 디지털 현미경으로 관찰하면 가늘고 긴 실이 엉켜 있는 모양이 보입니다.

8 균류는 가늘고 긴 실 모양의 균사로 이루어져 있습니다.

9 버섯과 곰팡이는 스스로 양분을 만들지 못하고, 죽은 생물에서 양분을 얻어 살아갑니다.

> **더 알아보기**
> **균류의 특징**
> • 균사로 이루어진 생물입니다.
> • 포자를 만들어 자손을 퍼뜨립니다.
> • 죽은 생물을 자연으로 되돌리는 중요한 역할을 합니다.

10 균류는 따뜻하고 그늘지며 습한 곳에서 잘 자라고, 죽은 생물 등에서 양분을 얻어 살아갑니다.

11 곰팡이는 가늘고 긴 실 모양의 균사로 이루어져 있는 균류이고, 포자를 만들어 자손을 퍼뜨립니다.

채점 기준

(1)	㉠ '균사', ㉡ '포자'를 정확히 씀.	
(2)	**정답 키워드** 균사 | 포자 – 자손 '가늘고 긴 실 모양의 균사로 이루어져 있다.', '포자를 만들어 자손을 퍼뜨린다.' 등과 같이 곰팡이의 특징을 정확히 씀.	상
	균사와 포자 중 한 가지 내용만 씀.	중

수행평가   119쪽

1 ㉠
2 ❶ ㉮ 가늘고 ❷ ㉮ 알갱이 ❸ 균사
3 ㉮ 따뜻하고 그늘지며 습한 곳에서 잘 자란다. 죽은 생물이나 다른 생물과 같이 양분이 있는 곳에서 살아간다. 등

1 ㉠은 곰팡이를 관찰한 모습이고, ㉡은 버섯을 관찰한 모습입니다.

2 곰팡이를 디지털 현미경으로 관찰하면 작고 둥근 알갱이가 보입니다. 버섯과 곰팡이의 공통점은 가늘고 긴 실 모양의 균사로 이루어져 있다는 것입니다.

3 버섯, 곰팡이와 같은 균류는 따뜻하고 그늘지며 습한 곳에서 잘 자라고, 죽은 생물과 같이 양분이 있는 곳에서 양분을 얻어 살아갑니다.

개념 쏙 익히기 123쪽

1 영준　**2** ④, ⑤　**3** ②　**4** 예 작아

1 해캄은 가늘고 긴 초록색의 실이 엉켜 있는 모양이고 움직이지 않으며, 스스로 양분을 만듭니다. 짚신벌레는 길쭉하고 둥근 모양이며 움직입니다.

2 원생생물은 식물과 다르게 뿌리, 줄기, 잎을 가지고 있지 않고, 물이 있는 곳에서 삽니다.

▲ 아메바　▲ 돌말　▲ 미역　▲ 파래

3 곰팡이는 균류, 종벌레와 파래는 원생생물에 속합니다.

4 세균은 균류나 원생생물보다 크기가 매우 작아 맨눈으로 볼 수 없고, 양분이 있는 곳이면 우리 주변 어디에나 삽니다.

실력 확 올리기 124~126쪽

1 짚신벌레　**2** ㉠ 조명 조절 나사 ㉡ 초점 조절 나사 ㉢ 회전판
3 ⑤　**4** ③　**5** ②, ④　**6** ㉢　**7** ④, ⑤
8 ②　**9** ㉠ 예 막대 ㉡ 예 장 **10** ②　**11** (1) 원생생물
(2) 예 동물이나 식물보다 생김새가 단순하다. 동물의 먹이가 되기도 한다. 생김새, 크기, 생활 방식은 매우 다양하다. 등

1 짚신벌레는 살아 있는 것으로 관찰하면 움직이는 작은 점들이 보이고, 영구표본으로 관찰하면 파란색, 붉은색 등 작은 점 여러 개가 보입니다.

2 ㉠은 조명 조절 나사, ㉡은 초점 조절 나사, ㉢은 회전판입니다.

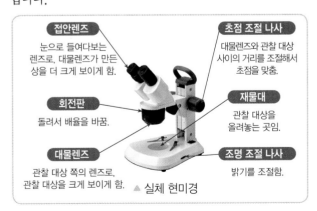

접안렌즈 눈으로 들여다보는 렌즈로, 대물렌즈가 만든 상을 더 크게 보이게 함.

초점 조절 나사 대물렌즈와 관찰 대상 사이의 거리를 조절해서 초점을 맞춤.

회전판 돌려서 배율을 바꿈.

재물대 관찰 대상을 올려놓는 곳임.

대물렌즈 관찰 대상 쪽의 렌즈로, 관찰 대상을 크게 보이게 함.

조명 조절 나사 밝기를 조절함.

▲ 실체 현미경

3 공 모양, 막대 모양, 나선 모양으로 생김새가 다양한 것은 짚신벌레가 아니라, 세균입니다.

4 몸이 균사로 이루어져 있는 생물은 버섯, 곰팡이와 같은 균류입니다.

5 파래와 아메바는 원생생물입니다. 붕어는 동물, 버섯은 균류, 젖산균은 세균입니다.

6 ㉢ 충치균은 공 모양처럼 생긴 알갱이가 여러 개 연결되어 길쭉한 모양입니다.

7 ㉡ 위 나선균과 ㉣ 콜레라균에는 세균의 표면에 있는 채찍 모양의 털인 편모가 있습니다. 세균은 크기가 매우 작아 맨눈으로 볼 수 없는 생물입니다.

8 세균은 공기, 흙, 생물의 몸, 물체의 표면 등 양분이 있으면 우리 주변 어디에나 삽니다. 원생생물은 연못, 강, 바다 등 물이 있는 곳, 물살이 느린 강물 등 물속에 삽니다.

9 젖산균은 길쭉한 막대 모양이고, 여러 개가 연결된 것도 있습니다. 사람이나 동물의 장에 삽니다.

10 세균은 양분이 있는 곳이면 우리 주변 어디에나 삽니다.

11 원생생물은 동물, 식물, 균류, 세균으로 분류되지 않는 생물로, 동물이나 식물보다 생김새가 단순합니다. 동물의 먹이가 되기도 합니다.

채점 기준

(1)	'원생생물'을 정확히 씀.	
(2)	**정답** **키워드** 생김새 - 단순 | 먹이 | 다양하다 등 '동물이나 식물보다 생김새가 단순하다.', '동물의 먹이가 되기도 한다.', '생김새, 크기, 생활 방식은 매우 다양하다.' 등과 같이 원생생물의 특징을 정확히 씀.	상
	원생생물의 특징을 썼지만, 표현이 부족함.	중

수행평가 127쪽

1 ❶ 예 공 ❷ 예 막대 ❸ 예 나선 ❹ 예 마른 풀 ❺ 예 위의 안쪽
2 예 양분
3 예 세균은 양분이 많고 온도가 알맞으면 짧은 시간에 많은 수로 늘어난다.

1 포도상 구균은 공 모양이고, 고초균은 막대 모양이며 마른 풀에 삽니다. 위 나선균은 나선 모양이며 위의 안쪽에 삽니다.

2 세균은 공기, 흙, 생물의 몸 등 양분이 있는 곳이면 우리 주변 어디에나 삽니다.

3 세균은 알맞은 조건이 되면 짧은 시간에 많은 수로 늘어납니다.

개념 쏙 익히기 131쪽

1 ② **2** ③, ⑤ **3** © **4** ①

1 음식으로 먹을 수 있는 버섯과 된장을 만드는 데 이용되는 생물은 균류입니다.

2 다양한 생물은 음식을 만드는 데 이용되기도 하지만, 음식을 상하게 하거나 질병을 일으키기도 합니다.

3 기름 성분을 만들어 내는 원생생물을 활용하여 생물 연료를 만듭니다.

4 버섯의 균사를 활용하여 가죽과 비슷한 재료를 만들어 옷과 신발을 만드는 데 이용합니다.

실력 확 올리기 132~134쪽

1 세균 **2** ② **3** ③, ⑤ **4** ① **5** ④
6 ④ **7** ⊙ 세균 © 예 정화 **8** ⑤ **9** ②
10 © **11** (1) ⊙ (2) 예 어떤 균류나 세균은 된장, 김치 등 음식을 만드는 데 이용된다. 치료 약을 만드는 데 이용된다. 죽은 생물이나 배설물을 분해하여 다른 생물이 이용할 수 있게 해 준다. 등

1 사람에게 장염을 일으키기도 하고, 사람의 몸에 살면서 건강을 지켜주기도 하는 생물은 세균입니다.

2 ⊙은 세균, ©은 균류, ©은 균류, ⓔ은 세균입니다.

3 적조 현상을 일으키거나 미역, 김처럼 음식 재료로 이용되는 생물은 원생생물입니다.

4 충치를 일으키는 것은 세균입니다.

5 배설물을 분해하여 다른 생물이 이용할 수 있게 해 주는 생물은 어떤 균류나 세균입니다.

6 생명과학은 식물, 균류, 원생생물뿐만 아니라 동물, 세균 등 다양한 생물을 연구합니다.

7 물속 오염 물질을 분해하는 세균을 활용하여 하수 처리장에서 오염된 물을 정화합니다.

8 버섯의 균사를 활용하여 가죽과 비슷한 재료를 만들어 옷, 가방 등을 만드는 데 이용합니다.

9 플라스틱 원료를 생산하는 세균을 활용하여 친환경 플라스틱을 만듭니다.

더 알아보기
생명과학 이용 사례
• 해충을 줄일 수 있는 균류는 생물 농약을 만듭니다.
• 기름 성분을 만들어 내는 원생생물은 생물 연료를 만듭니다.
• 세균을 자라지 못하게 하는 균류는 질병을 치료하는 약을 만듭니다.
• 짧은 시간에 많은 수로 늘어나는 세균은 약을 대량 생산합니다.

10 영양소가 풍부한 클로렐라 등을 활용하여 건강식품을 개발합니다.

11 어떤 균류나 세균은 음식이나 물건을 상하게 하고, 어떤 원생생물은 적조 현상을 일으킵니다.

채점 기준		
(1)	'⊙'을 씀.	
(2)	**정답 키워드** 음식	치료 약	분해 등 '어떤 균류나 세균은 된장, 김치 등 음식을 만드는 데 이용된다.' 등과 같이 균류나 세균이 우리 생활에 미치는 영향 한 가지를 정확히 씀.	상
	균류나 세균이 우리 생활에 미치는 영향 한 가지를 썼지만, 표현이 부족함.	중

수행평가 135쪽

1 예 생명 현상
2 ❶ 원생생물 ❷ 균류(곰팡이)
3 예 영양소가 풍부한 클로렐라 등을 건강식품 개발에 이용한다. 바다에 사는 원생생물을 활용하여 음식물 쓰레기를 분해한다. 등

1 생명과학은 생물의 특성이나 생명 현상을 연구하고, 이를 우리 생활에 이용하는 과학입니다.

2 생물 연료는 기름 성분을 만들어 내는 원생생물의 특징, 생물 농약은 특정 생물에게 질병을 일으키는 세균의 특징, 질병을 치료하는 약은 세균을 자라지 못하게 하는 균류(곰팡이)의 특징을 활용합니다.

3 클로렐라 등과 같이 영양소가 풍부한 원생생물을 활용하여 건강식품을 개발하기도 하고, 바다에 사는 원생생물을 활용하여 음식물 쓰레기를 분해하기도 합니다.

단원 마무리 136~137쪽

❶ 균사 ❷ 포자 ❸ 예 그늘 ❹ 예 단순
❺ 물 ❻ 예 양분 ❼ 세균 ❽ 세균
❾ 적조 ❿ 세균 ⓫ 예 생물 연료 ⓬ 예 정화

단원 평가   138~141 쪽

1 ⓒ   2 ㉠   3 ④   4 ㉠ 균사 ㉡ 포자
5 ④   6 (1) 예 가늘고 긴 초록색의 실이 엉켜 있는 모양이다. 움직이지 않는다. 등 (2) 예 길쭉하고 둥근 모양이다. 움직인다. 등   7 ⑤   8 ②   9 ④
10 (1) ㉡ (2) 예 세균이 살기에 알맞은 조건이 되면 짧은 시간에 많은 수로 늘어난다.   11 ①   12 ④, ⑤   13 ①, ④
14 ②   15 세균   16 원생생물   17 ③
18 예 물속 오염 물질을 분해하는 세균을 활용해 오염된 물을 깨끗하게 만든다.   19 ㉡   20 ⑤

1 느타리버섯은 썩은 나무나 죽은 나무에서 잘 자랍니다.

2 밝기를 조절하는 조명 조절 나사 또는 밝기 조절 나사로 부르는 부분은 ㉠입니다. ㉡은 초점 조절 나사, ㉢은 대물렌즈입니다.

3 버섯과 곰팡이는 균류로, 죽은 생물이나 다른 생물에서 양분을 얻어 살아갑니다. 따뜻하고 그늘지며 습한 곳에서 잘 자랍니다.

4 균류는 가늘고 긴 실 모양의 균사로 이루어져 있고, 포자를 만들어 자손을 퍼뜨립니다.

5 ㉠은 접안렌즈, ㉡은 초점 조절 나사, ㉢은 조명 조절 나사입니다.

6 해캄과 짚신벌레는 원생생물로, 동물이나 식물보다 생김새가 단순합니다.

채점 기준

(1)	정답 키워드 초록색 | 움직이지 않는다 등 '가늘고 긴 초록색의 실이 엉켜 있는 모양이다.', '움직이지 않는다.' 등의 내용 중 한 가지를 정확히 씀.	6점
	실체 현미경으로 관찰한 해캄의 모습을 구체적으로 쓰지 못함.	3점
(2)	정답 키워드 길쭉 – 둥근 | 움직이다 등 '길쭉하고 둥근 모양이다.', '움직인다.' 등의 내용 중 한 가지를 정확히 씀.	6점
	실체 현미경으로 관찰한 짚신벌레의 모습을 구체적으로 쓰지 못함.	3점

7 해캄과 짚신벌레는 동물, 식물, 균류, 세균으로 분류되지 않는 생물입니다.

8 원생생물은 물이 있는 곳, 물살이 느린 강물 등 물속에 살기 때문에 낙엽이 많은 곳에서 쉽게 볼 수 없습니다. 낙엽이 많은 곳에서 쉽게 볼 수 있는 생물은 균류입니다.

9 세균은 다른 생물보다 크기가 매우 작아 맨눈으로 볼 수 없는 생물이고, 공 모양, 막대 모양, 나선 모양 등 생김새가 다양합니다.

10 ㉠은 나선 모양의 세균이고, ㉡은 막대 모양의 세균입니다. 세균은 살기에 알맞은 조건이 되면 짧은 시간에 많은 수로 늘어납니다.

채점 기준

(1)	'㉡'을 씀.	4점
(2)	정답 키워드 짧은 시간 | 많은 수 | 늘어나다 등 '세균이 살기에 알맞은 조건이 되면 짧은 시간에 많은 수로 늘어난다.' 등의 내용을 정확히 씀.	8점
	세균의 특징을 '많은 수로 늘어난다.'와 관련하여 썼지만, 표현이 부족함.	4점

11 대장균, 충치균, 위 나선균, 포도상 구균은 세균이고, 아메바는 원생생물입니다.

12 버섯, 미역, 종벌레, 연쇄상 구균 모두 생물입니다. 버섯은 균류, 미역과 종벌레는 원생생물, 연쇄상 구균은 세균입니다.

13 어떤 균류와 세균이 우리 생활에 미치는 영향입니다.

14 산소를 만드는 생물은 원생생물이고, 장염을 일으키는 생물은 세균입니다. 된장을 만드는 데 이용되는 생물은 균류입니다.

15 어떤 세균은 충치나 장염을 일으키기도 하고, 사람의 몸에 살면서 건강을 지켜주기도 합니다.

16 적조 현상은 원생생물이 우리 생활에 미치는 영향입니다.

17 생물 농약, 친환경 플라스틱은 세균의 특징을 활용하여 만든 것이고, 생물 연료는 원생생물의 특징을 활용하여 만든 것입니다.

18 하수 처리장에서 물속 오염 물질을 분해하는 세균을 활용합니다.

채점 기준

| 정답 키워드 세균 \| 오염된 물 \| 깨끗 등 '물속 오염 물질을 분해하는 세균을 활용해 오염된 물을 깨끗하게 만든다.' 등의 내용을 정확히 씀. | 8점 |
| 하수 처리장에서 생명과학의 이용에 대해 썼지만, 표현이 부족함. | 4점 |

19 세균을 자라지 못하게 하는 일부 곰팡이(균류)를 활용하여 질병을 치료하는 약을 만들 수 있습니다.

20 ①~④는 다양한 생물이 우리 생활에 미치는 영향입니다. 클로렐라를 건강식품 개발에 이용하는 것은 생명과학 이용 사례입니다.

1. 자석의 이용

1 ○   2 ×

1 ②, ④   2 ⓒ   3 예 자석은 철로 된 물체와 약간 떨어져 있어도 서로 끌어당기는 힘이 작용한다.   4 ⓒ
5 ㉠, ㉢   6 ①   7 예 두(2)

1 철 나사못과 같이 철로 만들어진 물체는 자석에 붙습니다.

2 가위의 손잡이 부분은 플라스틱으로 만들어졌기 때문에 자석에는 붙지 않고, 날 부분은 철로 만들어졌기 때문에 자석에 붙습니다.

3 자석은 철로 된 물체와 약간 떨어져 있어도 서로 끌어 당깁니다.

채점 기준	
정답 키워드 약간 | 떨어지다 | 끌어당기는 힘 등	
'자석은 철로 된 물체와 약간 떨어져 있어도 서로 끌어당기는 힘이 작용한다.' 등과 같이 내용을 정확히 씀.	상
자석과 철로 된 물체 사이에 작용하는 힘에 대해 썼지만, 표현이 부족함.	중

4 자석과 철로 된 물체는 약간 떨어져 있거나 그 사이에 자석에 붙지 않는 물체가 있어도 서로 끌어당기는 힘이 작용합니다.

> **더 알아보기**
> **자석과 철로 된 물체 사이에 작용하는 힘**
> • 자석은 철로 된 물체와 약간 떨어져 있어도 서로 끌어당깁니다.
> • 자석과 철로 된 물체 사이에 자석에 붙지 않는 물체가 있어도 서로 끌어당깁니다.

5 막대자석의 양쪽 끝부분에 철로 된 물체가 많이 붙습니다.

6 자석의 극은 철로 된 물체가 많이 붙는 부분으로 항상 두 개이고, 막대자석의 극은 양쪽 끝부분에 있습니다.

> **왜 틀렸을까?**
> ② 막대자석의 극은 양쪽 끝부분에 있습니다.
> ③ 자석에서 철로 된 물체가 많이 붙는 부분입니다.
> ④ 자석의 극의 개수는 항상 두 개입니다.
> ⑤ 모양이 다른 자석에 색종이가 아닌 철 클립을 붙여 보면 자석의 극을 찾을 수 있습니다.

7 동전 모양 자석의 극은 양쪽 둥근 면입니다.

1 ×   2 ○

1 ②   2 ㉠ 북 ⓒ 예 빨간   3 ①   4 ㉠
5 (1) S (2) 예 자석의 같은 극끼리는 서로 밀어 내고 다른 극끼리는 서로 끌어당기는 힘이 작용하기 때문이다.
6 ㉠ 예 밀어 내는 ⓒ 예 끌어당기는

1 물에 띄운 막대자석이 움직이지 않을 때 막대자석의 N극은 북쪽을 가리키고, S극은 남쪽을 가리킵니다.

2 막대자석의 N극은 주로 빨간색으로 표시하고, S극은 파란색으로 표시합니다.

3 나침반 바늘은 항상 북쪽과 남쪽을 가리킵니다.

> **더 알아보기**
> **나침반**
> • 나침반 바늘도 항상 북쪽과 남쪽을 가리킵니다.
> • 자석이 일정한 방향을 가리키는 성질을 이용해 방향을 찾을 수 있도록 만든 도구입니다.

4 물에 띄운 자석이 움직이지 않을 때 북쪽을 가리키는 극은 자석의 N극이고, 남쪽을 가리키는 극은 자석의 S극입니다.

5 빨간색 자석의 윗면인 N극과 마주 보는 주황색 자석의 아랫면은 서로 밀어내므로, 주황색 자석의 아랫면은 N극입니다. 따라서 주황색 자석의 윗면(㉠)은 S극입니다.

채점 기준		
(1)	'S'를 씀.	
(2)	**정답 키워드** 같은 극 | 밀어 내다 | 다른 극 | 끌어당기다 등	
	'자석의 같은 극끼리는 서로 밀어 내고 다른 극끼리는 서로 끌어당기는 힘이 작용하기 때문이다.' 등과 같이 자석 사이에 작용하는 힘을 정확히 씀.	상
	자석 사이에 작용하는 힘을 썼지만, 표현이 부족함.	중

6 두 자석을 가까이 했을 때 자석 사이에 작용하는 힘으로 고리 자석의 극을 찾을 수 있습니다.

> **더 알아보기**
> **고리 자석의 극을 찾는 방법**
> • 막대자석을 고리 자석에 가까이 가져가면 같은 극끼리는 서로 밀어 내는 힘이 작용합니다.
> • 막대자석을 고리 자석에 가까이 가져가면 다른 극끼리는 서로 끌어당기는 힘이 작용합니다.

개념 확인하기 `8`쪽

1 ○   2 ×

실력 평가 `9`쪽

1 ㉡   2 ②   3 N   4 ㉠   5 ③
6 예 자석이 철로 된 물체를 끌어당기는 성질을 이용하였다.

1 막대자석의 S극을 나침반에 가까이 하면 나침반 바늘의 N극이 끌려 옵니다.

2 막대자석의 ㉠ 부분은 나침반 바늘의 S극을 끌어당겼으므로 N극이고, ㉡ 부분은 나침반 바늘의 N극을 끌어당겼으므로 S극입니다.

> **더 알아보기**
>
> **나침반을 막대자석 주위에 놓았을 때**
>
>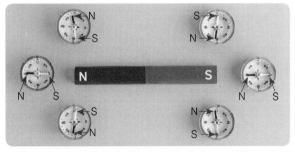
>
> 나침반 바늘의 S극은 막대자석의 N극을 가리키고, 나침반 바늘의 N극은 막대자석의 S극을 가리킵니다.

3 막대자석이 나침반 바늘의 S극을 끌어당기고 있으므로 ㉠ 부분은 N극입니다.

4 막대자석과 나침반 바늘 사이에는 서로 밀어 내거나 끌어당기는 힘이 작용합니다.

5 자석 방충망은 입구의 띠 부분에 자석이 있습니다.

▲ 자석 방충망

6 자석 장난감과 자석 스마트 기기 거치대는 자석이 철로 된 물체를 끌어당기는 성질을 이용하여 만든 것입니다.

채점 기준

정답 키워드 자석 | 철로 된 물체 | 끌어당기다	
'자석이 철로 된 물체를 끌어당기는 성질을 이용하였다.'와 같이 물체에 공통으로 이용된 자석의 성질을 정확히 씀.	상
물체에 공통으로 이용된 자석의 성질을 썼지만, 표현이 부족함.	중

단원평가 `10~12`쪽

문항 번호	정답	평가 내용	난이도
1	④	자석에 붙는 물체 알기	쉬움
2	②	가위에서 자석에 붙는 부분과 자석에 붙지 않는 부분 알기	보통
3	③	자석에 붙는 물체 알기	쉬움
4	②	자석과 철로 된 물체 사이에 자석에 붙지 않는 물체가 있을 때의 결과 알기	보통
5	⑤	자석과 물체 사이에 작용하는 힘 알기	보통
6	④	막대자석의 극 알기	쉬움
7	③	말굽 모양 자석의 극 알기	보통
8	②	자석의 극 알기	어려움
9	⑤	물에 띄운 막대자석이 가리키는 방향 알기	보통
10	③	일정한 방향을 가리키는 자석의 성질을 이용한 예 알기	보통
11	④	자석의 N극과 S극 알기	쉬움
12	④	자석과 자석 사이에 작용하는 힘 알기	보통
13	③	고리 자석의 극 추리하기	어려움
14	③	고리 자석의 극 추리하기	어려움
15	④	고리 자석 탑의 자석의 극 알기	어려움
16	③	자석 주위에 놓인 나침반 바늘의 움직임 알기	보통
17	①	자석 주위에서 나침반 바늘이 움직이는 까닭 알기	보통
18	⑤	자석을 이용한 물체 알기	쉬움
19	⑤	자석의 성질을 이용한 물체의 특징 알기	보통
20	③	자석의 성질을 이용한 물체 알기	쉬움

1 철로 만들어진 물체는 자석에 붙습니다.

2 가위의 손잡이 부분(㉠)은 자석에 붙지 않고, 가윗날 부분(㉡)은 자석에 붙습니다.

3 자석을 철로 된 물체에 가까이 가져가면 철로 된 물체가 자석에 끌려 옵니다.

4 자석과 철로 된 물체 사이에 자석에 붙지 않는 다른 물체가 있어도 자석과 철로 된 물체는 서로 끌어당깁니다.

5 자석과 철로 된 물체 사이에 자석에 붙지 않는 물체가 있어도 서로 끌어당깁니다.

6 막대자석은 양쪽 끝부분에 철로 된 물체가 많이 붙습니다.

7 모든 자석에는 두 개의 극이 있습니다.

8 동전 모양 자석의 극은 두 개이고, 일반적으로 양쪽 둥근 면에 있습니다.

9 막대자석을 물 위에 띄우면 막대자석의 N극은 북쪽을 가리키고, S극은 남쪽을 가리킵니다.

10 나침반은 자석이 일정한 방향(북쪽과 남쪽)을 가리키는 성질을 이용한 것입니다.

11 남쪽을 가리키는 자석의 극을 S극이라고 하고, 주로 파란색으로 표시합니다.

12 자석의 같은 극끼리는 서로 밀어 내는 힘이 작용하고, 다른 극끼리는 서로 끌어당기는 힘이 작용합니다.

13 막대자석과 고리 자석이 서로 끌어당기면 서로 다른 극이고, 서로 밀어 내면 서로 같은 극입니다.

14 두 자석이 서로 밀어 냈으므로 막대자석과 고리 자석의 윗면은 같은 극입니다.

15 주황색 고리 자석의 ㉠은 N극이고, ㉠과 서로 밀어 내고 있는 파란색 고리 자석의 ㉡도 N극입니다.

16 막대자석 주위에 나침반을 놓으면 나침반 바늘은 자석의 극을 가리킵니다.

17 나침반 바늘이 자석이기 때문에 자석과 나침반 바늘 사이에는 서로 밀어 내거나 끌어당기는 힘이 작용합니다.

18 자석을 이용하여 일상생활을 편리하게 해 주는 물체를 만들 수 있습니다.

19 자석 클립 통은 자석이 철로 된 물체를 끌어당기는 성질을 이용하여 만든 것입니다.

20 자석 신발 끈은 자석의 다른 극끼리 끌어당기고 같은 극끼리 밀어 내는 성질을 이용하여 만든 것입니다.

서술형·논술형 평가 13쪽

1 (1) ㉢ (2) 예 철로 된 부분만 자석에 붙기 때문이다.

2 예 막대자석과 나침반 바늘은 같은 방향(북쪽과 남쪽)을 가리킨다.

3 (1) S (2) 예 자석의 다른 극끼리 가까이 하면 서로 끌어당기는 힘이 작용하기 때문이다.

4 (1) ㉡ (2) 예 끈이 연결된 부분에 자석이 있어 신발을 쉽게 신고 벗을 수 있다.

1 물체에 자석을 대어 보면 철로 된 부분을 찾을 수 있습니다.

채점 기준

(1)	'㉢'을 씀.	4점
(2)	**정답 키워드** 철로 된 부분	자석	붙는다 '철로 된 부분만 자석에 붙기 때문이다.'와 같이 철로 만들어진 부분이 자석에 붙는 까닭을 정확히 씀.	8점
	철로 만들어진 부분이 자석에 붙는 까닭을 썼지만, 표현이 부족함.	4점

2 물 위에 띄운 자석과 나침반 바늘은 같은 방향(북쪽과 남쪽)을 가리킵니다.

채점 기준

정답 키워드 같은 방향	북쪽과 남쪽	
'막대자석과 나침반 바늘은 같은 방향(북쪽과 남쪽)을 가리킨다.' 등의 내용을 정확히 씀.	8점
'같은 방향이다.'와 같이 간단히 씀.	4점

3 막대자석의 N극과 서로 끌어당기는 고리 자석 윗면의 극은 S극입니다.

채점 기준

(1)	'S'를 씀.	4점
(2)	**정답 키워드** 다른 극	끌어당기는 힘 '자석의 다른 극끼리 가까이 하면 서로 끌어당기는 힘이 작용하기 때문이다.'와 같이 자석 사이에 작용하는 힘을 정확히 씀.	8점
	자석 사이에 작용하는 힘을 썼지만, 표현이 부족함.	4점

4 자석 신발 끈은 자석의 다른 극끼리 끌어당기고 같은 극끼리 밀어 내는 성질을 이용하여 신발을 쉽게 신고 벗을 수 있습니다.

채점 기준

(1)	'㉡'을 씀.	4점
(2)	**정답 키워드** 끈	자석	쉽게	신고 벗다 '끈이 연결된 부분에 자석이 있어 신발을 쉽게 신고 벗을 수 있다.' 등의 내용을 정확히 씀.	8점
	자석 신발 끈의 편리한 점을 썼지만, 표현이 부족함.	4점

2. 물의 상태 변화

14쪽

1 ×   2 ○

15쪽

1 ①   2 ㉢   3 ①, ⑤   4 예 고체인 얼음이 액체인
물로 상태가 변한다.   5 ㉢   6 수증기(기체)
7 ④

1   고드름은 눈에 보이고 손으로 잡을 수 있으며, 빗물과
   수돗물은 눈에 보이지만 손으로 잡을 수 없습니다. 손에
   있던 물은 눈에 보이지 않습니다.

   > **더 알아보기**
   >
   > **물의 세 가지 상태**
   > • 얼음(고체): 눈에 보이고 손으로 잡을 수 있습니다.
   > • 물(액체): 눈에 보이지만 손으로 잡을 수 없습니다.
   > • 수증기(기체): 공기 중에 있지만 눈에 보이지 않습니다.

2   우리가 마시고 씻을 때 이용하는 물은 액체입니다.

3   물은 고체인 얼음, 액체인 물, 기체인 수증기의 세 가지
   상태로 있습니다.

4   페트리접시의 얼음은 시간이 지나면서 녹아 물이 됩니다.

채점 기준	
정답 키워드 고체 | 얼음 | 액체 | 상태 등	
'고체인 얼음이 액체인 물로 상태가 변한다.' 등과 같이 얼음을 손난로 위에 올렸을 때의 물의 상태 변화를 정확히 씀.	상
물의 상태 변화에 대해 썼지만, 표현이 부족함.	중

5   시간이 흐른 뒤 물이 수증기로 상태가 변해 눈에 보이지
   않게 됩니다.

   > **왜 틀렸을까?**
   >
   > ㉠, ㉡ 시간이 흐르면 손난로 위에 올린 액체인 물이 기체인
   > 수증기로 상태가 변합니다.

6   액체인 물이 기체인 수증기로 상태가 변해 눈에 보이지
   않게 됩니다.

7   빙수가 녹아 물이 되는 것은 고체에서 액체로 상태가
   변하는 것입니다.

16쪽

1 ×   2 ○

17쪽

1 ①, ③   2 9.7   3 ㉠ 예 변하지 않고 ㉡ 예 줄어든다
4 예 물이 얼면 부피가 늘어나기 때문에 페트병이 부푼다.
5 ㉡   6 ㉡   7 ③

1   물이 얼기 전보다 물이 언 후 시험관 안의 물의 높이가
   높아졌고, 이것으로 물이 얼면 부피가 늘어난다는 것을
   알 수 있습니다.

2   물이 얼 때 무게는 변하지 않습니다.

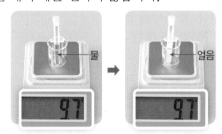

▲ 물이 얼기 전과 언 후의 무게 변화

3   얼음이 녹아 물이 될 때 무게는 변하지 않고 부피는
   줄어듭니다.

4   물이 얼면 부피가 늘어나기 때문에 페트병이 부풉
   니다.

채점 기준	
정답 키워드 부피 | 늘어 | 부풀다 등	
'물이 얼면 부피가 늘어나기 때문에 페트병이 부푼다.' 등과 같이 물을 얼렸을 때 페트병의 변화를 변화가 나타나는 까닭과 함께 정확히 씀.	상
물을 얼렸을 때 페트병의 변화를 변화가 나타나는 까닭과 함께 썼지만, 표현이 부족함.	중

5   지퍼 백에 넣지 않은 거름종이(㉡)의 물은 증발하여
   공기 중으로 흩어집니다.

6   물이 끓으면 물 표면과 물속에서 물이 수증기로 변해
   많은 양의 기포가 생기고 물이 줄어듭니다.

7   증발은 물 표면에서 액체인 물이 기체인 수증기로 상태가
   변하는 현상입니다. ①과 ②는 물의 끓음의 예이고,
   ④는 얼음이 녹아 물로 상태가 변하는 예이며, ⑤는
   물이 얼 때 부피 변화와 관련된 예입니다.

개념 확인하기
18쪽

1 ×   2 ○

실력 평가
19쪽

1 ㉡   2 현재   3 ④   4 ⓔ 냄비 안의 수증기가 차가운 냄비 뚜껑에 닿아 액체인 물로 상태가 변했기 때문이다.   5 ②, ④   6 ㉠

1 얼음을 넣지 않은 ㉠ 비커 바깥면에는 아무런 변화가 없고, 얼음을 넣은 ㉡ 비커 바깥면에는 작은 물방울이 맺혔다가 물방울의 크기가 점점 커집니다.

2 차가운 비커(㉡) 바깥면에 맺힌 물방울은 공기 중의 수증기가 응결한 것입니다.

> **더 알아보기**
> **식용색소를 탄 물에 얼음을 넣은 비커 바깥면의 변화**
> • 비커 바깥면이 흐려지며 작은 물방울이 맺힙니다.
> • 비커 바깥면을 닦은 면수건이 물에 젖습니다.

3 응결은 기체인 수증기가 액체인 물로 상태가 변하는 현상이고, 봄이 되어 녹아 흐르는 계곡물은 고체인 얼음이 액체인 물로 상태가 변하는 현상입니다.

4 따뜻한 냄비 뚜껑 안쪽에 맺힌 물방울은 따뜻한 냄비 안의 수증기가 차가운 냄비 뚜껑에 닿아 응결한 것입니다.

> **채점 기준**
>
> | **정답 키워드** 수증기 \| 차가운 \| 액체 \| 물 | |
> |---|---|
> | '냄비 안의 수증기가 차가운 냄비 뚜껑에 닿아 액체인 물로 상태가 변했기 때문이다.' 등과 같이 냄비 뚜껑 안쪽에 물방울이 맺힌 까닭을 정확히 씀. | 상 |
> | 냄비 뚜껑 안쪽에 물방울이 맺힌 까닭을 썼지만, 표현이 부족함. | 중 |

5 솔라볼과 엘리오도메스티코 증류기는 증발과 응결을 이용해 물을 얻는 장치입니다.

> **더 알아보기**
> **물을 얻는 장치와 물을 얻는 방법**
> • 안개 수집기: 식물의 줄기를 엮어 만든 틀에 그물을 달아 기온 차로 맺힌 물방울을 모읍니다.
> • 와카워터: 밤에 기온이 내려가면 공기 중의 수증기가 응결해 그물에 물방울로 맺히고, 그물에 응결한 물이 탑 아래쪽의 통에 모입니다.

6 생활에서 물을 아껴 쓰기 위해서는 세수할 때 물을 잠그고 비누칠을 하고, 빨랫감을 모아서 한 번에 빨래를 합니다.

온라인 학습 단원평가의 **정답**과 함께 **문항 분석**도 확인하세요.

단원평가
20~22쪽

문항 번호	정답	평가 내용	난이도
1	③	물의 상태 알기	쉬움
2	③	물의 세 가지 상태 알기	쉬움
3	②	액체인 물의 예 알기	보통
4	①	얼음이 녹을 때 나타나는 변화 알기	보통
5	③	물의 상태 변화 알기	쉬움
6	⑤	물이 액체에서 고체로 상태가 변하는 경우 알기	보통
7	②	고드름이 녹을 때의 변화 알기	어려움
8	④	물이 얼 때 무게 변화와 부피 변화 알기	보통
9	①	물이 얼 때와 관련된 현상 알기	어려움
10	③	얼음이 녹아 물이 될 때 무게 변화 알기	쉬움
11	③	얼음과자가 녹을 때 공간이 생기는 까닭 알기	보통
12	③	거름종이에 쓴 글자가 보이지 않는 현상 알기	쉬움
13	⑤	거름종이에 쓴 글자가 보이지 않는 현상의 물의 상태 변화 알기	보통
14	②	증발을 이용한 예 알기	보통
15	④	물이 끓을 때 변화 알기	쉬움
16	④	물이 증발할 때와 끓을 때의 공통적인 상태 변화 알기	보통
17	③	얼음을 넣은 비커 바깥면에 나타나는 변화 알기	보통
18	①	응결과 관련된 예 알기	어려움
19	④	물이 부족한 원인 알기	보통
20	②	와카워터를 이용해 물을 얻는 방법 알기	어려움

1 조각상을 만든 얼음은 고체인 얼음으로 눈에 보이고 일정한 모양이 있으며, 손으로 잡을 수 있습니다.

2 물은 액체이고, 얼음은 고체이며 수증기는 기체입니다.

3 빗물은 액체인 물이고, 눈과 고드름은 고체인 얼음이며 빨래에 있던 물은 기체인 수증기입니다.

4 시간이 지나면 얼음이 녹아 물이 되며, 이것은 고체에서 액체로 상태가 변한 것입니다.

5 액체인 물이 기체인 수증기로 상태가 변해 눈에 보이지 않게 됩니다.

6 물이 담긴 페트병을 냉동실에 넣어 얼리면 액체인 물이 고체인 얼음으로 상태가 변합니다.

7 고체인 고드름이 녹으면 액체인 물이 됩니다.

8 물이 얼 때 무게는 변하지 않고 부피는 늘어납니다.

9 젖은 빨래가 마르는 것은 물이 증발하기 때문에 나타나는 현상입니다.

10 얼음이 녹아 물이 되어도 무게는 변하지 않습니다.

11 얼음이 녹아 물이 되면서 부피가 줄어듭니다.

12 거름종이의 물이 증발해 글자가 보이지 않습니다.

13 거름종이의 물은 시간이 지나 수증기로 상태가 변하여 공기 중으로 흩어집니다.

14 달걀 삶기는 끓음을 이용하는 예입니다.

15 물이 끓을 때 물 표면과 물속에서 물이 수증기로 변해 많은 양의 기포가 생기고 물이 줄어듭니다.

16 물이 증발하거나 끓을 때 액체인 물이 기체인 수증기로 상태가 변해 공기 중으로 흩어집니다.

17 공기 중 수증기가 차가운 비커 바깥면에 닿아 물방울로 변합니다.

18 차가운 물체 표면에 맺힌 물방울은 기체인 수증기가 액체인 물로 응결한 것입니다.

19 인구 증가와 산업 발달로 물 사용량이 점점 많아지고 있고, 심각한 기후변화로 인해 비가 내리는 양이 감소하여 물이 부족한 곳이 있습니다.

20 와카워터는 기온이 낮아지는 밤에 기체인 수증기가 그물에 액체인 물로 맺히고, 그물에 응결한 물이 탑 아래쪽의 통에 모이면 물을 이용할 수 있습니다.

1 (1) ㉘ 수증기 (2) ㉘ 액체인 물이 기체인 수증기로 상태가 변한다.

2 (1) ㉘ 작아진다. (2) ㉘ 페트병에 들어 있는 얼음이 녹으면서 부피가 줄어들기 때문이다.

3 ㉘ 액체인 물이 기체인 수증기로 상태가 변한다.

4 (1) ㉘ 공기 중 (2) ㉘ 공기 중 수증기가 차가운 컵 바깥면에서 응결하여 액체인 물로 상태가 변하였기 때문이다.

1 액체인 물이 기체인 수증기로 상태가 변하여 눈에 보이지 않습니다.

채점 기준

(1)	'수증기'를 씀.	4점
(2)	**정답 키워드** 액체 | 물 | 기체 | 수증기 | 상태 '액체인 물이 기체인 수증기로 상태가 변한다.' 등과 같이 물의 상태 변화를 정확히 씀.	8점
	물의 상태 변화를 썼지만, 표현이 부족함.	4점

2 얼음이 녹아 물이 되면 부피가 줄어듭니다. 이때 줄어든 부피는 물이 얼 때 늘어난 부피와 같습니다.

채점 기준

(1)	'작아진다.'를 씀.	4점
(2)	**정답 키워드** 얼음 | 부피 | 줄어들다 '페트병에 들어 있는 얼음이 녹으면서 부피가 줄어들기 때문이다.' 등의 내용을 정확히 씀.	8점
	페트병이 작아지는 까닭에 대해 썼지만, 표현이 부족함.	4점

3

채점 기준

정답 키워드 액체 | 물 | 기체 | 수증기 | 상태 '액체인 물이 기체인 수증기로 상태가 변한다.' 등의 내용을 정확히 씀.	8점
증발할 때와 끓을 때의 공통점을 물의 상태 변화와 관련지어 썼지만, 표현이 부족함.	4점

4 공기 중에 있던 수증기가 응결하여 차가운 컵 표면에 물방울로 맺힌 것입니다.

채점 기준

(1)	'공기 중'을 씀.	4점
(2)	**정답 키워드** 공기 중 | 수증기 | 응결 | 액체 | 물 | 상태 '공기 중 수증기가 차가운 컵 바깥면에서 응결하여 액체인 물로 상태가 변하였기 때문이다.' 등의 내용을 정확히 씀.	8점
	컵 바깥면에 물방울이 맺힌 까닭을 물의 상태 변화와 관련지어 썼지만, 표현이 부족함.	4점

온라인 학습북 **18~23**쪽

3. 땅의 변화

개념 확인하기 24쪽

1 ○   **2** ×

실력 평가 25쪽

1 ㉠ 예 위쪽 ㉡ 예 아래쪽   **2** ⑤   **3** 예 흐르는
물에 의해 흙 언덕 위쪽에서 깎인 흙이 아래쪽으로 이동하여
쌓였기 때문이다.   **4** 침식 작용   **5** ㉠
6 ①, ⑤   **7** ㉡

1 물이 위쪽에서 아래쪽으로 이동하므로 색 모래도 위쪽
에서 아래쪽으로 이동합니다.

2 흙 언덕 위쪽은 경사가 급하며 침식 작용이 활발하게
일어나고, 흙 언덕 아래쪽은 경사가 완만하며 퇴적 작용이
활발하게 일어납니다.

3 흐르는 물의 침식 작용과 운반 작용, 퇴적 작용에 의해
지표의 모습이 변합니다.

채점 기준	
정답 키워드 깎인 흙 | 이동 | 쌓이다 '흐르는 물에 의해 흙 언덕 위쪽에서 깎인 흙이 아래쪽으로 이동하여 쌓였기 때문이다.'와 같이 흙 언덕의 모습이 변한 까닭을 정확히 씀.	상
흙 언덕의 모습이 변한 까닭을 썼지만 표현이 부족함.	중

4 침식 작용은 강의 상류와 같이 경사가 급한 곳에서
활발하게 일어납니다.

▲ 흐르는 물이 바위를 깎음.

5 강의 상류(㉠)는 강폭이 좁고 경사가 급하여 물의 흐름이
빠르며, 침식 작용이 활발하게 일어납니다.

6 ㉡은 강의 하류로 퇴적 작용이 활발하게 일어나고, 강의
하류 주변은 평평하여 논과 밭을 만들어 곡식을 일구
기에 좋으므로 마을이 발달합니다.

7 강의 상류에는 큰 바위나 모난 돌이 많고, 강의 하류에는
모래나 고운 흙이 많습니다.

개념 확인하기 26쪽

1 ○   **2** ×

실력 평가 27쪽

1 화산   **2** ⑤   **3** ㉡   **4** ㉠ 용암 ㉡ 화산 가스
5 ①   **6** 현무암   **7** 예 암석의 색깔과 암석을 이루는
알갱이의 크기로 구분한다.

1 땅속 깊은 곳에 암석이 녹아 있는 것을 마그마라고
하고, 마그마가 땅 위로 분출하여 만들어진 지형을 화산
이라고 합니다.

2 우리나라에는 한라산, 백두산 등 화산이 있고, 화산은
꼭대기에 대부분 움푹 파인 분화구가 있습니다. 또한
화산은 크기와 생김새가 다양합니다.

▲ 한라산   ▲ 백두산

3 화산 활동 모형 윗부분에서 연기가 나고 녹은 마시멜로가
흘러나오며, 흘러나온 마시멜로는 시간이 지나면
굳습니다.

4 화산 활동 모형실험에서 흘러나온 마시멜로는 용암에
해당하고, 연기는 화산 가스에 해당합니다.

5 용암은 액체 상태, 화산재와 화산 암석 조각은 고체 상태,
화산 가스는 기체 상태입니다.

▲ 용암

6 화성암은 암석의 색깔과 알갱이의 크기에 따라 화강암과
현무암으로 구분합니다.

7 암석의 색깔과 암석을 이루는 알갱이의 크기로 화강암과
현무암을 구분합니다.

채점 기준	
정답 키워드 색깔 | 알갱이 크기 '암석의 색깔과 암석을 이루는 알갱이의 크기로 구분한다.'와 같이 화성암을 구분하는 기준을 정확히 씀.	상
화성암을 구분하는 기준을 썼지만 표현이 부족함.	중

실력 평가   29쪽

1 화산재   2 ①, ⑤   3 ㉠   4 예 짧은   5 ②
6 ㉠   7 예 모든 층의 버튼을 눌러 가장 먼저 열리는
층에서 내린 뒤 계단을 이용하여 밖으로 나간다.

1 화산재는 동식물에게 피해를 주거나 호흡기 질병을 일으
키기도 하지만 땅을 기름지게 하기도 합니다.

▲ 화산재로 인한 비행기
운항 중단

▲ 화산재가 쌓여 농작물이
잘 자라는 땅

2 화산 주변에 온천을 개발하거나 지열 발전을 하는 것은
화산 활동이 주는 이로움입니다.

▲ 온천 개발

▲ 지열 발전

3 화산재가 떨어지기 전에 문과 창문을 닫고, 야외에
있을 때 분출하면 용암을 피해 높은 곳으로 대피합니다.

4 지진의 피해를 줄이려면 평소에 대처 방법을 미리 알아 두고,
지진 대피 훈련으로 실천하는 습관을 길러야 합니다.

5 우리나라에서도 크고 작은 지진이 자주 발생합니다.

6 지진이 발생하면 화재의 위험이 있으므로 가스 밸브를
잠그고 전원을 차단한 후 계단을 이용하여 건물 밖으로
나갑니다.

7 지진이 발생하면 승강기가 고장 나 멈추거나 문이 변형
되어 열리지 않을 수 있으므로 승강기에서 내려 계단을
통해 이동합니다.

채점 기준

정답 키워드 모든 층의 버튼 | 먼저 열리는 층 | 내리다	
'모든 층의 버튼을 눌러 가장 먼저 열리는 층에서 내린 뒤 계단을 이용하여 밖으로 나간다.'와 같이 승강기 안에 있을 때 지진 대처 방법을 정확히 씀.	상
승강기 안에 있을 때 지진 대처 방법을 썼지만 표현이 부족함.	중

온라인 학습 단원평가의 **정답**과 함께 **문항 분석**도 확인하세요.

단원평가   30~32쪽

문항 번호	정답	평가 내용	난이도
1	④	흐르는 물에 의한 흙 언덕의 변화 실험 방법 알기	쉬움
2	④	흐르는 물에 의한 흙 언덕의 변화 관찰하기	쉬움
3	②	퇴적 작용에 대해 알기	보통
4	④	강의 상류의 특징 알기	보통
5	③	흐르는 물이 지표를 변화시키는 과정 알기	보통
6	①	강의 상류에서 볼 수 있는 모습 알기	쉬움
7	②	화산의 특징 알기	보통
8	④	화산과 화산이 아닌 산 구분하기	보통
9	④	화산 분출물의 특징 알기	어려움
10	④	용암에 대해 알기	보통
11	①	화산 활동 모형실험 방법 알기	쉬움
12	④	화산 활동 모형실험 결과 알기	쉬움
13	⑤	화강암의 특징 알기	보통
14	④	화강암과 현무암의 특징 알기	어려움
15	⑤	화산 활동의 피해 알기	보통
16	⑤	지진의 피해 알기	어려움
17	②	지진의 특징 알기	보통
18	①	지진이 우리에게 주는 피해 알기	쉬움
19	②	지진 대처 방법 알기	보통
20	④	집 안에 있을 때 지진 발생 시 대처 방법 알기	어려움

온라인 학습북 24~32쪽

1 흙 언덕 위쪽에 색 모래를 뿌리면 흙이 이동하는 모습을 쉽게 관찰할 수 있습니다.

2 흙은 물이 흐르는 방향과 같은 방향인 흙 언덕의 위쪽에서 아래쪽으로 이동합니다.

3 퇴적 작용은 운반된 돌이나 흙 등이 쌓이는 것으로, 경사가 완만한 곳에서 잘 일어납니다.

4 강의 상류는 강폭이 좁고 경사가 급하며, 큰 바위나 모난 돌이 많습니다.

5 흐르는 물은 높은 곳의 바위나 돌, 흙 등을 깎아 낮은 곳으로 운반하여 쌓아 놓습니다.

6 강의 상류는 침식 작용이 활발하며 큰 바위나 모난 돌을 주로 볼 수 있습니다.

7 백두산은 화산으로, 산꼭대기가 움푹 파여 있습니다.

8 설악산은 화산이 아닙니다.

9 화산 가스는 눈으로 볼 수 없는 기체 상태의 물질로, 대부분 수증기이고 여러 가지 기체가 섞여 있습니다.

10 용암은 땅속에 있던 마그마가 지표로 나온 것으로, 매우 뜨거워 검붉은색을 띱니다.

11 식용색소는 용암을 나타내기 위해 사용합니다.

12 화산 활동 모형실험에서 화산재나 화산 암석 조각에 해당하는 물질은 나오지 않습니다.

13 화강암은 마그마가 땅속 깊은 곳에서 서서히 식어서 만들어진 암석으로, 알갱이의 크기가 큽니다.

14 화강암과 현무암의 알갱이 크기가 다른 까닭은 암석이 만들어지는 장소에 따라 마그마가 식는 속도가 다르기 때문입니다.

15 화산 주변의 열을 이용하여 전기를 생산하는 것은 화산 활동이 우리에게 주는 이로움입니다.

16 건물이 무너지고 인명 피해가 발생한 것으로 보아 강한 지진이 발생하였음을 알 수 있습니다.

17 최근 우리나라에서도 규모 5.0 이상의 지진이 여러 차례 발생하고 있습니다.

18 비가 많이 내리는 것은 지진으로 인한 피해가 아닙니다.

19 바닷가에 있을 때 지진이 발생하면 큰 파도가 발생하는 것을 피해 바닷가에서 먼 곳이나 높은 곳으로 이동합니다.

20 흔들림이 멈추면 전원을 차단하고 가스 밸브를 잠근 뒤 문을 열고, 계단을 이용해 건물 밖으로 나갑니다.

서술형·논술형 평가 33쪽

1 (1) 예 모난 돌, 큰 바위 등
(2) 예 강의 하류는 강폭이 넓고 강의 경사가 완만하다.
2 (1) ㉠ (2) 예 산꼭대기에 움푹 파인 곳이 있기 때문이다. 분화구가 있기 때문이다. 등
3 (1) 화산 가스 (2) 예 액체 상태의 용암, 고체 상태의 화산재나 화산 암석 조각 등이 나온다.
4 예 화산재는 농작물을 뒤덮어 피해를 주기도 하지만, 화산재가 쌓인 땅은 오랜 시간이 지나면 농작물이 잘 자라는 땅으로 변한다.

1 강의 하류는 강폭이 넓고 경사가 완만합니다.

채점 기준		
(1)	'모난 돌', '큰 바위' 등을 씀.	4점
(2)	정답 키워드 강폭 – 넓다 | 경사 – 완만하다 '강의 하류는 강폭이 넓고 강의 경사가 완만하다.'와 같이 강의 하류의 특징을 정확히 씀.	8점
	강의 하류의 특징을 썼지만 표현이 부족함.	4점

2 화산은 대부분 꼭대기에 움푹 파인 분화구가 있습니다.

채점 기준		
(1)	'㉠'을 씀.	4점
(2)	정답 키워드 움푹 파인 곳 | 분화구 '산꼭대기에 움푹 파인 곳이 있기 때문이다.', '분화구가 있기 때문이다.'와 같이 화산의 특징을 정확히 씀.	8점
	화산의 특징을 썼지만 표현이 부족함.	4점

3 화산 분출물에는 화산 가스(기체), 용암(액체), 화산재나 화산 암석 조각(고체) 등이 있습니다.

채점 기준		
(1)	'화산 가스'를 씀.	4점
(2)	정답 키워드 액체 – 용암 | 고체 – 화산재, 화산 암석 조각 '액체 상태의 용암, 고체 상태의 화산재나 화산 암석 조각 등이 나온다.'와 같은 내용을 정확히 씀.	8점
	화산 활동에서 나오는 물질을 한 가지만 씀.	4점

4 화산재는 우리에게 피해를 주기도 하지만 이로움도 줍니다.

채점 기준	
정답 키워드 농작물 | 잘 자라는 땅 '화산재는 농작물을 뒤덮어 피해를 주기도 하지만, 화산재가 쌓인 땅은 오랜 시간이 지나면 농작물이 잘 자라는 땅으로 변한다.'와 같은 내용을 정확히 씀.	8점
피해나 이로움 중 한 가지만 씀.	4점

4. 다양한 생물과 우리 생활

1 ○   **2** ×

1 ③   **2** ③   **3** ㉠   **4** 예 가늘고 긴 실이
엉켜 있는 모양이 보인다.   **5** ②, ③   **6** 예 양분

1 버섯은 물이 충분한 곳, 습한 곳에서 잘 자랍니다.

2 버섯은 따뜻하고 그늘지며 습한 곳에서 잘 자랍니다.

> **더 알아보기**
>
> **버섯이 잘 자라는 환경**
> • 대부분의 버섯은 따뜻하고 그늘지며 습한 곳에서 잘 자랍니다.
> • 동물의 배출물에서 자라는 버섯도 있습니다.
> • 썩은 나무나 낙엽이 많은 땅에서 쉽게 볼 수 있습니다.

3 디지털 현미경에서 밝기를 조절하는 부분은 ㉠이고, 조명
조절 나사(밝기 조절 나사, 불빛 조절 바퀴)라고 부릅니다.

4 버섯과 곰팡이를 관찰하면 가늘고 긴 실이 엉켜 있는 모양이
보이는 공통점이 있습니다.

> **채점 기준**
>
> | **정답 키워드** 가늘다 \| 실 \| 엉키다 등 | |
> |---|---|
> | '가늘고 긴 실이 엉켜 있는 모양이 보인다.' 등과 같이 버섯과 곰팡이를 디지털 현미경으로 관찰했을 때의 공통점을 정확히 씀. | 상 |
> | 버섯과 곰팡이를 디지털 현미경으로 관찰했을 때의 공통점을 썼지만, 표현이 부족함. | 중 |

5 버섯과 곰팡이는 가늘고 긴 실 모양의 균사로 이루어진
균류입니다. 따뜻하고 그늘지며 습한 곳에서 잘 자랍니다.

> **왜 틀렸을까?**
>
> ① 버섯과 곰팡이는 식물에 속하지 않습니다.
> ④ 버섯과 곰팡이는 균류입니다.
> ⑤ 대부분 따뜻하고 그늘지며 습한 곳에서 삽니다.

6 균류는 스스로 양분을 만들지 못하고, 다른 생물에서
양분을 얻어 살아갑니다.

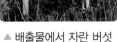
▲ 배출물에서 자란 버섯   ▲ 썩은 나무에서 자란 버섯

1 ×   **2** ○

1 ④   **2** ②   **3** ②, ⑤   **4** 예 동물, 식물, 균류,
세균으로 분류되지 않는 생물이다. 동물, 식물보다 생김새가
단순하다. 동물의 먹이가 된다. 등   **5** ㉡   **6** ⑤
7 ⑤

1 실체 현미경에서 대물렌즈와 관찰 대상 사이의 거리를
조절해서 초점을 맞추는 부분은 ㉡, 초점 조절 나사입
니다.

2 해캄은 움직이지 않으며 스스로 양분을 만듭니다.
짚신벌레는 움직이며 맨눈으로 볼 수 없을 정도로 크기가
작습니다.

3 원생생물은 동물, 식물, 균류, 세균으로 분류되지 않으며,
맨눈으로 관찰하기 어려운 것도 있습니다. 연못, 강,
바다 등 물이 있는 곳에서 삽니다.

4 원생생물은 동물, 식물, 균류, 세균으로 분류되지 않으며,
동물, 식물보다 생김새가 단순합니다. 동물의 먹이가
되기도 합니다.

> **채점 기준**
>
> | **정답 키워드** 동물 – 식물 – 균류 – 세균 – 분류 등 | |
> |---|---|
> | '동물, 식물, 균류, 세균으로 분류되지 않는 생물이다.' 등과 같이 원생생물의 특징 한 가지를 정확히 씀. | 상 |
> | 원생생물의 특징 한 가지를 썼지만, 표현이 부족함. | 중 |

5 세균은 균류나 원생생물보다 크기가 더 작고, 생김새가
단순한 생물입니다.

6 포도상 구균은 공 모양이며 둥근 알갱이가 포도처럼
뭉쳐 있습니다. 공기, 음식물, 피부에 삽니다.

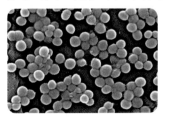
▲ 포도상 구균

7 세균은 다른 생물의 몸뿐만 아니라 공기, 흙, 물 등
다양한 곳에서 삽니다. 세균은 일상생활에서 사용하는
물체의 표면에서도 삽니다.

개념 확인하기 38쪽

1 × 2 ○

실력 평가 39쪽

1 ③ 2 ③, ④ 3 ㉠ 원생생물 ㉡ 세균 4 ②
5 생명과학 6 ③ 7 예 세균을 자라지 못하게 하는 푸른곰팡이를 활용하여 질병을 치료하는 약을 만든다.

1 김치, 된장, 요구르트는 균류나 세균을 이용하여 만든 음식입니다.

2 균류와 세균은 죽은 생물이나 배설물을 분해하여 다른 생물이 이용할 수 있게 해 주는 생물입니다.

3 산소를 만드는 생물은 원생생물이고, 충치를 일으키는 생물은 세균입니다.

4 다양한 생물은 서로 영향을 주기도 하고, 우리에게도 영향을 줍니다. 자연에도 영향을 줍니다.

더 알아보기

다양한 생물과 우리 생활의 관계
- 다양한 생물은 그 자체로 가치가 있습니다.
- 다양한 생물은 우리 생활에 많은 영향을 미칩니다.
- 균류, 원생생물, 세균은 서로 영향을 주기도 하고 우리에게도 영향을 줍니다. 자연에도 영향을 줍니다.

5 생명과학은 생물의 특성이나 생명 현상을 연구하고, 이를 우리 생활에 이용하는 과학을 말합니다.

6 물속 오염 물질을 분해하는 세균을 활용하여 하수 처리장에서 물을 정화(하수 처리)합니다.

▲ 하수 처리

7 세균을 자라지 못하게 하는 푸른곰팡이(균류)를 활용하여 질병을 치료하는 약을 만듭니다.

채점 기준

정답 키워드 세균 | 자라지 못하다 | 질병 | 치료 | 약 등 '세균을 자라지 못하게 하는 푸른곰팡이를 활용하여 질병을 치료하는 약을 만든다.' 등의 내용을 정확히 씀.	상
푸른곰팡이(균류)의 특징을 활용하여 우리 생활에 어떻게 이용되는지 썼지만, 표현이 부족함.	중

온라인 학습 단원평가의 **정답**과 함께 **문항 분석**도 확인하세요.

단원평가 40~42쪽

문항 번호	정답	평가 내용	난이도
1	②	디지털 현미경으로 버섯의 겉면 관찰하는 과정 알기	보통
2	⑤	버섯과 곰팡이의 공통점 알기	보통
3	④	균사로 이루어진 생물이 속하는 것 알기	쉬움
4	①	균류에 대해 알기	보통
5	②	해캄의 특징 알기	어려움
6	④	실체 현미경의 구조 알기	쉬움
7	③	실체 현미경의 사용법 중 일부 알기	보통
8	⑤	짚신벌레의 특징 알기	보통
9	③	원생생물의 특징 알기	보통
10	①	세균의 특징 알기	쉬움
11	③	세균의 특징 알기	보통
12	④	세균이 사는 곳 알기	쉬움
13	⑤	적조 현상을 일으키는 생물 알기	보통
14	③	우리 생활에 미치는 영향을 보고 관련된 생물 알기	쉬움
15	⑤	다양한 생물이 우리 생활에 미치는 영향 알기	보통
16	②	균류가 우리 생활에 미치는 영향 알기	쉬움
17	⑤	생명과학이 우리 생활에 이용되는 사례 알기	어려움
18	③	약을 대량 생산하는 데 활용되는 생물 알기	어려움
19	⑤	생물 농약에 활용되는 생물의 특징 알기	어려움
20	③	생명과학이 우리 생활에 이용되는 사례 알기	보통

1 버섯의 겉면을 떼어 내 디지털 현미경으로 관찰합니다.

2 버섯과 곰팡이는 실처럼 가늘고 긴 균사로 이루어져 있다는 공통점이 있습니다.

3 균사로 이루어진 생물은 균류라고 합니다.

4 균류는 식물에 있는 뿌리, 줄기, 잎이 없습니다.

5 해캄은 스스로 양분을 만들고 움직이지 않습니다.

6 밝기를 조절하는 부분은 ④ 조명 조절 나사입니다.

7 실체 현미경을 사용할 때 먼저 회전판을 돌려 대물렌즈의 배율을 가장 낮게 해야 합니다.

8 짚신벌레는 맨눈으로 볼 수 없을 정도로 크기가 작습니다.

9 원생생물은 동물, 식물, 균류, 세균으로 분류되지 않는 생물입니다.

10 막대 모양이고 길쭉하며, 마른 풀에 사는 세균은 고초균입니다.

11 세균은 생김새에 따라 공 모양, 막대 모양, 나선 모양 등으로 구분하며, 편모가 있는 세균도 있습니다. 세균은 살기에 알맞은 조건이 되면 짧은 시간에 많은 수로 늘어납니다.

12 세균은 우리 주변에 있는 물, 마른 풀, 공기, 사람이나 생물의 몸 등 양분이 있는 곳이면 어디에나 삽니다.

13 바다, 강 등의 색깔이 붉은색으로 변하는 적조 현상을 일으키는 생물은 원생생물입니다.

14 균류나 세균은 된장, 김치, 요구르트 등의 음식을 만드는 데 이용되기도 하고, 음식이나 물건을 상하게 하기도 합니다.

15 눈에 보이지 않는 작은 생물이라도 우리 생활에 많은 영향을 미칩니다.

16 균류는 음식이나 물건을 상하게 합니다.

17 기름 성분을 만드는 원생생물을 활용하여 생물 연료를 만들기도 하고, 영양소가 풍부한 일부 원생생물을 활용하여 건강식품을 개발하기도 합니다.

18 짧은 시간에 많은 수로 늘어나는 세균(대장균)의 특징을 활용하여 약을 대량으로 생산할 수 있습니다.

19 특정 생물에게만 질병을 일으키는 세균을 활용하여 해충과 병균을 막아 주는 생물 농약을 만들 수 있습니다.

20 세균을 활용하여 인공 눈을 만드는 데 이용하는 것은 생명과학 이용 사례입니다.

서술형·논술형 평가 43쪽

1 (1) 균류 (2) 예 죽은 생물이나 다른 생물에서 양분을 얻어 살아간다.

2 예 연못, 강 등 물이 있는 곳에서 산다. 물살이 느린 강물 등 물속에 산다.

3 (1) ㉡ (2) 예 김치, 요구르트 등의 음식을 만드는 데 이용된다. 치료 약을 만드는 데 이용된다. 물건을 상하게 한다. 등

4 (1) 예 물속 오염 물질을 분해하는 세균을 활용한다.

(2) 예 세균을 자라지 못하게 하는 균류(곰팡이)를 활용한다.

1 균류는 스스로 양분을 만들지 못하고, 죽은 생물이나 다른 생물에서 양분을 얻어 살아갑니다.

채점 기준		
(1)	'균류'를 정확히 씀.	4점
(2)	**정답 키워드** 죽은 생물 | 다른 생물 | 양분 | 얻다 '죽은 생물이나 다른 생물에서 양분을 얻어 살아간다.' 등의 내용을 정확히 씀.	8점
	균류가 양분을 얻는 방법에 대해 썼지만, 표현이 부족함.	4점

2 종벌레, 유글레나는 원생생물이며, 연못이나 강 등 물이 있는 곳, 물살이 느린 강물 등 물속에 삽니다.

채점 기준	
정답 키워드 물 | 물속 등 '연못, 강 등 물이 있는 곳에서 산다.' 등과 같이 원생생물이 사는 곳을 정확히 씀.	8점
원생생물이 사는 곳을 썼지만, 표현이 부족함	4점

3

채점 기준		
(1)	'㉡'을 씀.	4점
(2)	**정답 키워드** 음식 등 '김치, 요구르트 등의 음식을 만드는 데 이용된다.' 등과 같이 우리 생활에 미치는 영향 한 가지를 정확히 씀.	8점
	우리 생활에 미치는 영향에 대해 썼지만, 표현이 부족함.	4점

4

채점 기준		
(1)	**정답 키워드** 물속 | 오염 물질 | 분해 | 세균 '물속 오염 물질을 분해하는 세균을 활용한다.' 등의 내용을 정확히 씀.	6점
	활용하는 생물이나 특징 중 한 가지 내용만 씀.	3점
(2)	**정답 키워드** 세균 | 자리지 못하다 | 균류 '세균을 자라지 못하게 하는 균류(곰팡이)를 활용한다.' 등의 내용을 정확히 씀.	6점
	활용하는 생물이나 특징 중 한 가지 내용만 씀.	3점

정답과 풀이 **29**

온라인 학습 단원평가의 **정답**과 함께 **문항 분석**도 확인하세요.

단원평가 전체 범위 44~47쪽

문항 번호	정답	평가 내용	난이도
1	①	자석에 붙는 물체 알기	쉬움
2	②	자석의 극 알기	보통
3	①	동전 모양 자석의 극 추리하기	어려움
4	②	막대자석 주위에 놓인 나침반 바늘의 모습 알기	보통
5	⑤	자석을 이용한 물체의 특징 알기	보통
6	③	물의 세 가지 상태 알기	보통
7	⑤	물의 상태 변화 알기	어려움
8	④	얼린 요구르트가 녹을 때의 변화 알기	쉬움
9	①	빨래가 마르는 현상 알기	쉬움
10	③	응결 현상의 예 알기	어려움
11	⑤	강의 모습 알기	보통
12	③	화산이 아닌 산 알기	보통
13	④	화산 분출물 알기	보통
14	⑤	화성암의 특징 알기	보통
15	④	지진 발생 시 대처 방법 알기	쉬움
16	②	버섯과 곰팡이의 특징과 사는 환경 알기	보통
17	②	원생생물의 종류 알기	쉬움
18	④	세균의 특징 알기	쉬움
19	⑤	다양한 생물이 우리 생활에 미치는 영향 알기	보통
20	⑤	생명과학에 활용된 생물의 특징 알기	어려움

1 철로 된 물체는 자석에 붙으므로, 철로 된 클립은 자석에 붙습니다.

> **더 알아보기**
>
> **자석에 붙는 물체**
> 철 클립, 철 집게, 철 나사못 등 철로 만들어진 물체는 자석에 붙습니다.
>
>
> ▲ 철 클립   ▲ 철 집게   ▲ 철 나사못

2 자석의 극은 항상 두 개이고, 고리 모양 자석의 극은 양쪽 둥근 면에 있습니다. 자석에서 철로 된 물체를 당기는 힘이 가장 셉니다.

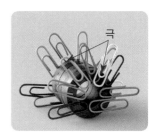
▲ 고리 모양 자석의 극

3 ㉠ 부분은 S극, ㉡ 부분은 N극, ㉢ 부분은 N극, ㉣ 부분은 S극입니다.

4 막대자석의 N극은 나침반 바늘의 S극을 끌어당기고, 막대자석의 S극은 나침반 바늘의 N극을 끌어당깁니다.

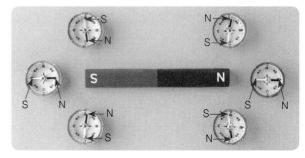
▲ 나침반을 막대자석 주위에 놓았을 때

5 자석 클립 통의 윗부분에 자석이 있어 철 클립을 쉽게 넣었다가 뺄 수 있어서 편리하고, 자석이 철로 된 물체를 서로 끌어당기는 성질을 이용한 것입니다.

6 물의 세 가지 상태는 고체인 얼음, 액체인 물, 기체인 수증기입니다. 고드름과 조각상을 만든 얼음은 고체인 얼음으로, 눈에 보이고 손으로 잡을 수 있습니다.

> **왜 틀렸을까?**
>
> ㉠ 고드름은 고체인 얼음입니다.
> ㉣ 조각상으로 만든 얼음은 눈에 보이고 손으로 잡을 수 있습니다.

7 물이 한 가지 상태에서 또 다른 상태로 변하는 현상을 물의 상태 변화라고 합니다.

> **왜 틀렸을까?**
> ① 빙수가 녹으면 물이 됩니다.
> ② 젖은 빨래가 마르면 수증기가 됩니다.
> ③ 주전자의 물이 끓으면 수증기가 됩니다.
> ④ 물의 상태 변화는 고체 상태에서만 나타나는 현상이 아닙니다.

8 얼린 요구르트가 녹으면 부피가 줄어들어서 튀어나온 마개의 모양이 얼기 전으로 되돌아갑니다. 얼린 요구르트가 녹아도 무게는 변하지 않습니다.

> **더 알아보기**
> **얼음이 녹을 때 무게와 부피 변화**
>
>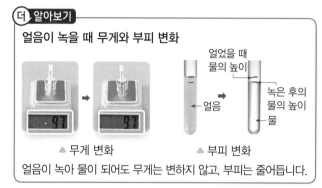
>
> ▲ 무게 변화　　　　▲ 부피 변화
> 얼음이 녹아 물이 되어도 무게는 변하지 않고, 부피는 줄어듭니다.

9 젖은 빨래를 말리는 것은 물의 증발로, 물 표면에서 액체인 물이 기체인 수증기로 상태가 변하는 현상입니다.

10 스팀다리미로 옷의 주름을 펴는 것은 물의 끓음을 이용한 것입니다.

11 ㉠은 강의 상류로, 경사가 급하며 강폭이 좁고 침식 작용이 활발해 모난 돌이 많습니다. ㉡은 강의 하류로, 경사가 완만하며 강폭이 넓고 퇴적 작용이 활발해 모래나 고운 흙이 많습니다.

> **더 알아보기**
> **강의 상류와 강 하류에서 볼 수 있는 모습**
>
>
>
> ▲ 강의 상류
>
> ▲ 강의 하류

12 백두산, 킬라우에아산, 베수비오산은 화산이고, 설악산은 화산이 아닌 산입니다.

13 화산 분출물 중 기체인 것은 화산 가스이며, 용암은 액체, 화산재와 화산 암석 조각은 고체입니다.

▲ 용암　　　　　　▲ 화산재

▲ 화산 가스　　　　▲ 화산 암석 조각

14 현무암은 암석의 색깔이 어둡고, 암석을 이루는 알갱이의 크기가 작습니다. 화강암은 암석의 색깔이 밝고, 암석을 이루는 알갱이의 크기가 크며 검은색 알갱이가 보입니다.

> **더 알아보기**
> **현무암과 화강암의 특징**
>
> | 구분 | 현무암 | 화강암 |
> |---|---|---|
> | 모습 | | |
> | 암석의 색깔 | 어두움. | 밝음. |
> | 알갱이의 크기 | 작음. | 큼. |
> | 기타 | 표면에 구멍이 있는 것도 있고 없는 것도 있음. | 대체로 밝은 바탕에 검은색 알갱이가 보임. |

15 승강기 안에 있을 때 지진이 발생하면 모든 층의 버튼을 눌러 가장 먼저 열리는 층에서 내린 뒤 계단을 이용해 밖으로 나갑니다.

16 버섯과 곰팡이는 포자를 만들어 자손을 퍼뜨립니다.

17 젖산균은 세균입니다.

18 세균은 균류나 원생생물보다 크기가 매우 작아 맨눈으로 볼 수 없는 생물입니다.

19 장염과 충치를 일으키는 생물은 세균이고, 적조 현상을 일으키거나 산소를 만들어 물속에 공급하는 생물은 원생생물입니다.

20 생물 연료는 기름 성분을 만들어 내는 원생생물을 활용한 생명과학 이용 사례입니다.

MEMO

어떤 교과서를 쓰더라도 ALWAYS

우등생 시리즈

국어/수학 | 초 1~6(학기별), **사회/과학** | 초 3~6학년(학기별)

세트 구성 | 초 1~2(국/수), 초 3~6(국/사/과, 국/수/사/과)

POINT 1

동영상 강의와 스케줄표로
쉽고 빠른 홈스쿨링 학습서

POINT 2

모든 교과서의 개념과
문제 유형을 빠짐없이 수록

POINT 3

온라인 성적 피드백 &
오답노트 앱(수학) 제공

정답은
이안에
있어!

웃음 없는 하루는 낭비한 하루다.

A day without laughter is a day wasted.

찰리 채플린 Charles Chaplin · 영국의 배우, 감독